观赏植物应用书系

观赏植物病害
诊断与治理

陈秀虹　伍建榕　西南林业大学　主编

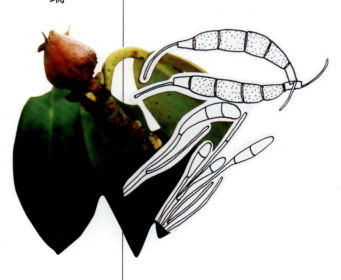

中国建筑工业出版社

图书在版编目(CIP)数据

观赏植物病害诊断与治理/陈秀虹，伍建榕，西南林业大学主编．—北京：中国建筑工业出版社，2008（观赏植物应用书系）
ISBN 978-7-112-10326-3
I. 观… II. ①陈…②伍…③西… III. 园林植物—植物病害—普及读物 IV. S68-49
中国版本图书馆CIP数据核字(2008)第136163号

责任编辑：吴宇江
责任设计：董建平
责任校对：兰曼利　王雪竹
摄　　影：陈秀虹　伍建榕

　　本书作为科普读物，从病原鉴定着手，用绘制病原形态图、彩照和简单文字表述了丰富的症状特征和治理经验，从加强预防为主的综合防治理念着眼的手法描绘了观赏植物易发生的病害症状图文互补，目的是向读者提供了诊断和预防病害的基本参考内容，即可防治以未然。省去人力物力，保护了环境的洁净，为人们提供一个优美的人工环保生态。全书共有五章，分别是：野外诊断、采集和调查观赏植物病害基础知识；12种观赏植物病害；其他症状相似且治理方法相同的观赏植物病害；非病害现象及处理；大树移栽成活率低的原因及改进方法；附录常用自配化学药剂及病原索引。

　　本书可供广大观赏植物生产一线的栽培者、经营者和风景园林院校及保护生物学学院校师生直观了解植物病原特征和病害的症状，并进而掌握诊断和治理的基本方法。

观赏植物应用书系

观赏植物病害诊断与治理

陈秀虹　伍建榕　西南林业大学　主编

*

中国建筑工业出版社出版、发行（北京西郊百万庄）
各地新华书店、建筑书店经销
北京美光制版有限公司　制版
北京画中画印刷有限公司印刷

*

开本：787×1092毫米　1/16　印张：21 $\frac{1}{4}$　字数：530千字
2009年5月第一版　2009年5月第一次印刷
定价：168.00元
ISBN 978-7-112-10326-3
　　　　　(17129)

版权所有　翻印必究
如有印装质量问题，可寄本社退换
（邮政编码100037）

Preface 前言

《观赏植物病害诊断与治理》一书主要描述观赏植物易发生的病害。我国观赏植物繁多,近30年的改革开放,植物交流频繁。尤其是花卉业引进的新栽培种很多,病害种类剧增。

本书作为科普读物,从病原鉴定着手,用绘制病原显微形态图、彩照和简单文字描述的手法完成编著,以便生产一线的栽培者、经营者和在校学生能直观了解植物病害的症状,进而掌握诊断和治理的基本方法。

寄主和病原生物均有中文和拉丁文学名,便于查证。病原真菌占病害病原的80%以上。分类地位是按Ainsworth等(1973)的系统。

病原显微形态图是在镜检基础上参照资料重新编绘的。病原真菌显微形态绘图只用黑白两色表示。白色或淡色的菌丝和孢子等结构绘图只有线条。闭合线条内是空的或再加虚线表示透明。若菌丝内或孢子等结构内有小黑点分布时,则表示它们是有色或暗色的对真菌分类有一定的参考价值。为了附载更多的图,描述从简。

由于主编水平和条件所限,书中错误和不当之处难免,有待在今后的教学、科学研究中不断修正。希望有关专家和读者批评指正。

主编
2007年12月

目录 Contents

第一章 野外诊断、采集和调查观赏植物病害基础知识……001

第一节 观赏植物病害基本术语 ……… 002
第二节 生理性病害野外识别 ………… 003
第三节 生物性病害野外识别 ………… 006
第四节 生态性病害识别 ……………… 006
第五节 预防和治理 …………………… 008

第二章 12种观赏植物病害 ……………………………009

第一节 紫罗兰属病害 ………………… 010
第二节 蔷薇属病害 …………………… 026
第三节 山茶花病害 …………………… 051
第四节 杜鹃花病害 …………………… 080
第五节 白兰花属（含笑属）病害 …… 109
第六节 君子兰属病害 ………………… 129
第七节 芍药属（牡丹属）病害 ……… 147
第八节 鸢尾属病害 …………………… 174
第九节 石竹属病害 …………………… 197
第十节 大丽花属病害 ………………… 218
第十一节 剑兰属（唐菖蒲属）病害 … 238
第十二节 百合属病害 ………………… 259

附录与索引 ·················· 321

一、常用自配化学药剂·················· 321
　（一）保护剂——波尔多液·················· 321
　（二）杀菌剂——石硫合剂·················· 321
　（三）树干白涂剂·················· 322
二、索引·················· 323
　（一）病原中名索引·················· 323
　（二）病原学名索引·················· 328

参考文献·················· 333
后　　记·················· 334

第三章 其他症状相似且治理方法相同的观赏植物病害 ……… 271

第一节 灰霉菌、霜霉菌类 ……………………………… 272
第二节 黑霉类 …………………………………………… 275
第三节 锈粉类 …………………………………………… 277
第四节 白粉类 …………………………………………… 279
第五节 煤污类 …………………………………………… 282
第六节 螨类 ……………………………………………… 286
第七节 膏药病类 ………………………………………… 288
第八节 病毒类 …………………………………………… 290
第九节 菟丝子害 ………………………………………… 293
第十节 根结线虫类 ……………………………………… 295
第十一节 藻斑病类 ……………………………………… 297
第十二节 细菌类 ………………………………………… 299

第四章 非病害现象及处理 ……………… 301

第一节 小型昆虫 ………………………………………… 302
第二节 益虫 ……………………………………………… 309
第三节 与观赏植物有关的生物 ………………………… 310

第五章 大树移栽成活率低的原因及改进方法 ……………………………………… 313

第一节 已濒死的移栽树 ………………………………… 314
第二节 已移栽成活的大树 ……………………………… 315
第三节 大树移栽技术 …………………………………… 315

第一章

野外诊断、采集和调查观赏植物病害基础知识

第一节　观赏植物病害基本术语

一、生理性病原

不适宜的种植环境引起植物受害，不会传染。

二、生物性病原

十大生物类群（真菌、细菌、类立克次体（RLO）、植原体、病毒、类病毒、线虫、螨类、藻类和寄生性种子植物）引起植物受害，均会传染。

三、观察条件

(1) 须在光学显微镜下观察形态特征的是线虫、螨类、藻类、细菌和绝大多数的病原真菌。

(2) 须在电子显微镜下观察形态特征的是病毒和类病毒植原体及上述在光学显微镜下才可观察的生物，其个体或局部形态放到电镜下观察更清楚，但操作可能较繁琐。

(3) 寄生性种子植物（0.2~1.5m），经验丰富的标本采集人，一般都能识别至科或亚科，甚至到属种。因它们专化性强，其中有些常依寄主定种。

四、病状

植物发病后本身外部形态的不正常变化。生理性和生物性病害初期，常会产生相同或相似病状，故不能以病状诊断病害种类，更不能只靠病状鉴定到病原。

五、病症

是生物性病原在寄主患病处的个体或群体的营养体或繁殖体。为进一步准确诊断，必须对病症作室内保湿观察，分析和切片镜检，一般有了病症时才采集作标本保存。

六、症状

病症+病状=症状。典型症状是野外诊断的主要依据，也是采集标本和作为普查及专题调查的基本条件。

七、寄主

人们需要栽培利用的观赏植物，也即被生物性病原侵害的植物。

第二节　生理性病害野外识别

观察受害植物全株或局部是否与环境中的物理、化学、气候、土壤等因素相关。生理性病害在诊断上是较困难的，必须与往年同期同种作物比较，或向当地群众了解其变化情况。甚至要做些试验，如人工诱发、化学诊断和排因试验……这些均不列入本书范围。有关内容应在植物生理学、土壤学、生态学和栽培学中详细介绍，我们只部分了解。例如：

一、水分不足

引起叶尖、叶缘枯黄；叶片卷成圆筒状（暂时性缺水）。田间水分不足时，成片处于高地的弱小植株首先死亡；小苗干旱立枯时，死苗在苗床上是零星分布的，针叶上无病症，全株同时或短时间内全部针叶变褐呈生理性黄化（图1-1、图1-2）。

二、水分过多

土壤缺氧气，须根坏死，低洼积水处，个体较小的植株，首先死亡（图1-3、图1-4）。

1-1	1-2
1-3	1-4

石蒜"龙爪花"旱害
富贵竹缺水叶枯
羽衣甘蓝（涝害）根渍水
非洲苏铁涝害

三、日灼

夏季高温期，出现在晴天下午3至5点钟，引起苗木根茎处日灼，尤其在苗床上有较粗的土粒（约梅子、李子的果核大小）靠近苗木地茎，则易受日灼（图1-5）。

松苗日灼伤时，苗呈"弓"形，"弓"背红褐色。毛白杨破腹病是高原昼夜温差太大所致。树干的裂缝多发生在西南面及南面，12月至1月份温度突然下降时由寒害引致。云南橡胶树的烂脚病、杜果树的流胶病其病因类似。

1-5　非洲茉莉日灼

四、冬季的寒流

各次寒流路经地受害植物形成霜害或冻害，成片植物的叶片突然枯萎，受害叶没病症，树冠迎风面松针变褐。橡胶烂脚病在云南以北坡、东北坡严重。松类苗梢干枯灰色下垂钩状，下半部仍活着是霜害；苗顶为葱包形，后来新梢顶出来呈"S"形是冻害；昆明一次寒流过后，虽只是11月初，也有观赏植物冻害（图1-6～图1-12）。

五、温度不足

温度较低破坏光合作用，使叶片变黄、早落；低温季节使云南胡椒脱节落叶，甚至枯死。

1-6	1-7
1-8	1-9

虎头兰霜冻1
虎头兰霜冻2
二乔玉兰花霜冻
八角金盘霜冻

1-10	1-11
1-12	1-13

观音芋霜冻

叶子花霜冻

木本番茄霜冻

小红果扁枝

六、营养过多

施氮肥过多，水稻恋青，迟迟不抽穗，高生长大，不结实或结实不饱满易倒伏，金银花、蔷薇和小红果树等易形成扁枝（图1-13）。有的推迟开花，椴类树梢疯长如鞭，有的盘蛇弯曲，有的匍匐四伸，上生厚叶，成为鞭梢状。

七、营养缺乏

植物缺氮时，矮小，叶黄，发育不良，花小不结实或结实太小，僵硬。

八、微量元素缺乏

野外较难判断是哪种元素缺乏，"缺素症"无病症，发病程度是一致的。不同种植物缺同一元素病状条纹、色彩相似。缺素症连片时与土壤同类型的分布区域是一致的。如落叶松全株叶变黄色，全苗床黄化，是缺锰。同种植物缺不同元素，其病状条纹色彩不同；杨树叶片变黄或黄绿至变白，叶脉仍保持绿色，后期叶枯黄（从边缘开始）是缺铁；油橄榄树干、枝韧皮及形成层局部坏死，叶变小，树早衰是缺硼所致。

九、有害物质

空气、土壤和植物表面存在有害物质时，植物受害。如二氧化硫（SO_2）、氟（F_2）和氯（Cl_2）以及使用农药不当均会使植物的叶肉细胞坏死，形成坏死斑或萎蔫，注意其周围是否有工厂，是烟害或是药害（施农药不当，太浓）。如苗床有肿根肿茎苗，肿茎切面遇碘不变蓝色的为药害苗，叶正面有白粉段斑，下面红褐色是波尔多液害。

十、化肥浓度过高

用过量的2.4-D喷油茶树时会使叶片在短期内全部枯萎脱落，施尿素太集中，且太靠近植物茎基时，会使咖啡树半边枯死，继而全株枯死，若能及时满灌水抢救，有望恢复生机，即是肥害。松类小苗针叶背无粉状物，叶面有不规则淡褐色陷斑，是硫酸亚铁药害。

第三节　生物性病害野外识别

症状是诊断观赏植物病害及治理的主要依据。

应用成熟的经验和技术，研究常见的植物病害，它们的病症或典型病状，观察病症的质地、光泽、形态、颜色、大小纹理变化及其着生部位，结合其病状的形态、颜色。变化和病斑出现的季节和气候及小环境，野外判断病害的种类（真菌、细菌或其他病原）进而诊断到属，特殊著名的病害还可鉴定到种，称野外诊断（参见第二章的山茶饼病和杜鹃饼病及香籽含笑藻斑病）。

第四节　生态性病害识别

凡是人为引起不良的生态条件使观赏植物呈现病态，失去观赏价值和经济价值，可称为植物的生态性病害。如油麻藤本来用于遮盖水泥墙体，在它和行道树成长过程中，滇润楠把阳光抢夺了，油麻藤到了墙顶部才有光照，有绿叶，存活下来，无阳光处几乎无叶片存在（图1-14）。又如：在庭院设计中，观赏植物搭配不当，或将林下植物马樱花暴露在强光照下（图1-15），又把油麻藤置于阴蔽处，无光照，叶片脱落，它们的移栽以失败告终。错误地把生长快慢不同的几种阳性植物混交地种在一起，其中

| 1-14a | 1-14b | 1-15 |
| 1-16a | 1-16b |

遮光下的油麻藤
光照太强下的马樱花
阳性树种在树荫下

有的阳性植物生长较慢（图1-16），而邻近的其他种生长特快，园林中常见此现象，即为观赏植物的生态性病害。

大型公园常有大草坪和规模较大的花径和花坪，昆明世博园的花园大道上花坪的鲜花四季开放，是靠7～10天或10～15天大换花径中的草本花卉。由于同一品种大面积栽种，冰岛虞美人、三色堇、矮牵牛、百日草、一串红、小丽花、万寿菊、孔雀草等等，在3～4天阴天后以花腐为

1-17 多头苏铁下大型木腐菌子实体

主的灰霉病（叶也会受害）迅速流行，其病原均为灰葡萄孢 *Botrytis cinerea*。2006年9月至2007年9月间的每一次寒流（短期3～5天降温5～10℃）时，作者均去调查发病情况，发病率为50%～90%不等，花坪已累积了大量的病源。同期离花坪较远的大丽花、山茶、杜鹃、芍药和牡丹也发生灰霉病（病原相同），但病害较轻。

园林设计中有些大树增添了景色，但这些大树多数是从次生林中挖来或从人工林中挖来，在挖的过程中根系损伤严重。部分还移到苗圃中假植一年甚至多年，林内土中的木腐菌和苗圃土壤中的根腐类病菌都可能从伤口侵入，当种到园林庭院中时，病害已在潜育期，6～9年后可在树干或树基部见到大型子实体（图1-17）。

这些现象在原生林或次生林的老熟林（几百年生树上）才能见到，现人为地缩减了它们的寿命。

第五节 预防和治理

一、预防

种植前设计种植品种，选适地适种的植物；株行距及种植季节等要合理，使之生长环境和气候不利于某些病害大发生。

二、治理

人为控制发病条件中1～2个因素，提前控制环境或病原，若用杀菌剂，应尽量做到不污染或少污染环境，少花钱并解决问题为佳。各种植物不同的病害的小环境和发病季节不同，有的除冬季外全年发病，有的一年只发病一次，如桃缩叶病、李袋果病，不同的植物病害治理次数和方法均不同（见第二章的各种病害治理）。

第二章

12种观赏植物病害

第一节 紫罗兰属病害

一、紫罗兰枯萎病 (图2-1、图2-2)

1. 病原

真菌门鞭毛菌亚门卵菌纲霜霉目腐霉科大雄疫霉 *Phytophthora megasperma* Drechsl。

2. 症状

根与根茎部位突然变黑至死亡,为害幼株和成长株,较老植株初病下部叶变黄,后地表茎基环割,病株萎蔫。

3. 预防

清除十字花科在圃地的病残体,烧毁,播种前种子用40%甲醛(商品名称福尔马林)400倍液浸种25min,或用50℃温水浸种10min,以减少病菌来源。

4. 治理

凡见到种植地有病株,必须及时拔除销毁。用70%五氯硝基苯加细土撒施,每亩用药2kg,或用氯硝胺1000～2000倍液喷雾,也可选用托布津杀菌剂喷雾(浓度参照产品说明书)。

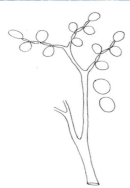

2-1a / 2-2 | 2-1b
紫罗兰枯萎症状
大雄疫霉 *Phytophthora megasperma*

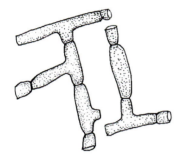
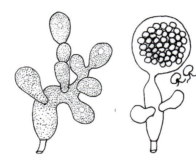

紫罗兰立枯病症状
病原菌引起下部叶片枯死症状
立枯丝核菌菌丝
腐霉菌孢子囊
游动孢子和孢子囊

二、紫罗兰猝倒病（图2-3～图2-7）

1. 病原

真菌门鞭毛菌亚门卵菌纲霜霉目腐霉科大雄疫霉 *Phytophthora. megasperma* 和德巴利腐霉 *Pythium debaryanum* Hesse，半知菌亚门丝孢纲无孢目无孢科的立枯丝核菌 *Rhizoctonia solani* Kühn。凡是用种子育苗的地方大都会发生猝倒病。

2. 症状

病株根和根茎处及幼株突然变成黑色不规则斑，迅速死亡。较老植株初病时，下部叶变黄，后茎环割，病株萎蔫。

3. 预防

选好圃地，提倡在新垦山地育苗或用生黄土作苗床，或选沙壤排水良好处。前作不宜是感病植物，播种前土壤消毒，采用药剂或加热消毒。用细干土混2%～3%硫酸亚铁（青矾或称黑矾），每亩撒药土100～150kg，或用3%的溶液，每亩浇90kg，在酸性土上结合整地施石灰20～25kg/亩，可达消毒目的。柴草方便处可采取三烧三探，达减少病苗、增加肥力的作用。

4. 治理

加强经营管理，苗床要平，少施氮肥，发病初及时喷杀菌剂2～3次，拔除病株销毁。

三、紫罗兰白锈病 (图2-8、图2-9)

1. 病原
真菌门鞭毛菌亚门卵菌纲霜霉目白锈科白锈属的白锈菌 *Albugo candida* (Pers.)O.Kuntze 能寄生多种十字花科植物。

2. 症状
叶背有洁白小疱斑，直径1～10 mm，破裂散出白色粉末，叶正面相应处深绿色中呈黄褐色无明显边缘。

3. 预防
在空气湿度大的季节如端午节前后或连绵小雨时，注意紫罗兰和桂竹香等十字花科植物的密度，应使其变稀，有利通风透光，减轻病害发生。

4. 治理
(1) 拔除病株；
(2) 铲除十字花科杂草；
(3) 初病时喷1%波尔多液或石硫合剂0.5波美度，每隔7～10天一次，共2～3次。

2-8 | 2-9a
    | 2-9b

紫罗兰白锈病症状
十字花科白锈病症状
白锈菌 *Albugo* sp.

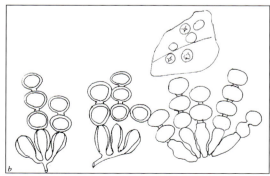

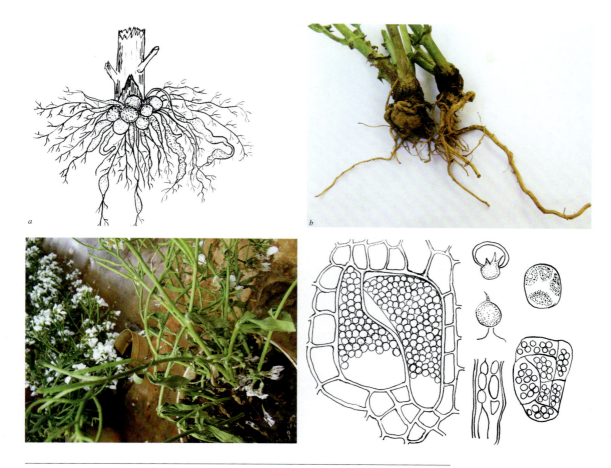

四、紫罗兰根肿病 (图2-10～图2-12)

1. 病原

真菌门原质团菌纲（这类真菌有真正的变形体，所以人们有时把它归入黏菌中，寄生黏菌）原质团菌属的芸苔根肿菌 *Plasmodiophora brassicae* Woron.

2. 症状

主侧根变肿瘦，呈不规则状的许多肿瘤，薄壁组织膨大，吸收根被破坏，开花期易死亡。

3. 预防

土壤消毒后种植，酸性土发病重，施石灰水中和酸性，每亩用2kg70%的五氯硝基苯再加些细土撒施。

4. 治理

(1) 轮作，使土壤中的病原菌没寄主（除紫罗兰、甘蓝外，与它们相近的十字花科植物也易受害）而死亡；

(2) 见病株及时拔除，在空处加施石灰水消毒和使土壤变中性至微碱性。

紫罗兰根肿病症状

紫罗兰根肿病地上部分症状

芸苔根肿菌 *Plasmodiophora brassicae*

图2-13a / 图2-13b | 图2-14

辣椒霜霉病症状（参考）

寄生霜霉 *Peronospora parasitica*

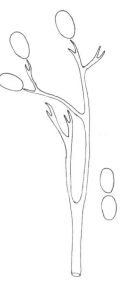

五、紫罗兰霜霉病 (图2-13、图2-14)

1. 病原

真菌门鞭毛菌亚门卵菌纲霜霉目霜霉科霜霉属的十字花科霜霉（寄生霜霉）*Peronospora parasitica* (Pers.) Fr.。能引起十字花科植物受害。

2. 症状

紫罗兰病叶正面有淡绿色斑块，背面相应部位长出白色絮状霉层，叶片迅速枯萎，植株萎蔫。该病症可发生在茎上引起茎畸形，全株矮化。

3. 预防

植株不能栽种过密，尤其在空气湿度较大的小环境下更要稀植，加强通风透光。

4. 治理

及时剪除病株和叶，并销毁，将污染的苗床消毒换土。严重发病苗床，下次播种前土壤要先消毒（参考紫罗兰猝倒病土壤处理）。

六、紫罗兰黄萎病 (图2-15、图2-16)

1. 病原
真菌门半知菌亚门丝孢纲丛梗孢目丛梗孢科轮枝孢属的黄萎轮枝孢 *Verticillium albo-atrum* Reinke et Berth. 也侵染棉花,又称棉黄萎病菌。

2. 症状
植株下部叶片先变黄、萎蔫。病株严重矮化,茎内维管束组织迅速变褐,植株枯萎死亡

3. 预防
不在棉作地种紫罗兰,污染土壤先消毒再种植,最好选择未发生过该病的土壤(无病菌土壤)种植(参考防猝倒病土壤消毒)。

4. 治理
见病株时随时拔除,并连病株下的病土壤挖净,病株穴内撒少许石灰消毒。

紫罗兰黄萎病症状

黄萎轮枝孢 *Verticillium albo-atrum*

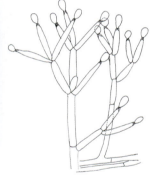

七、紫罗兰黑斑病 (图2-17、图2-18)

1. 病原

真菌门半知菌亚门丝孢纲丛梗孢目暗色孢科链格孢属的萝卜链格孢 *Alternaria raphani* Groves & Skoloko. 和日本链格孢 *A. japonica* Yohii。前者还可侵染萝卜和其他十字花科植物；后者主要侵染紫罗兰，引起黑灰色点斑。

2. 症状

叶生圆斑、黑色斑点，种荚上呈黑色点斑；紫罗兰和其他十字花科的下部叶和茎生浅灰绿色凹陷干斑。潮湿时呈暗绿色绒状物病症。

3. 预防

土壤用热力或化学药剂消毒，也可换土，消除土壤中的病残体，拔除病株烧毁。防种子带病，可用40%甲醛400倍液浸种25min或用50℃温水浸种10min。

4. 治理

生长期可喷1:1:200波尔多液保护；发病时可喷布杀菌剂，如：50%退菌特800倍液等。5～7天喷药一次，连喷3次。

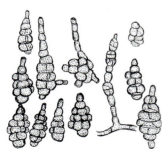

链格孢 *Alternaria raphani*
紫罗兰黑斑病症状图

2-18 | 2-17

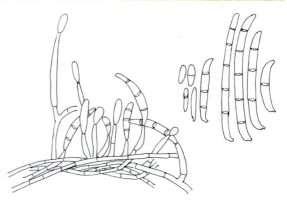

2-19a | 2-19b
2-20 | 2-21

紫罗兰矮小症状

紫罗兰萎蔫症状

尖孢镰刀菌 *Fusarium oxysporum*

八、紫罗兰萎蔫病（图2-19～图2-21）

1. 病原

真菌门半知菌亚门丝孢纲瘤座孢目瘤座孢科的镰孢属尖孢镰刀菌 *Fusarium oxysporum* Schlecht.。寄主范围广。

2. 症状

植株矮化，较大的植株叶片易下垂，病株导管变色。在幼株上病叶产生明显的叶脉半透明现象。病株极易萎蔫。

3. 预防

温汤浸种（三开一凉：三份沸水一份凉水），种植地应为无病菌土壤，污染土应先消毒（参考猝倒病土壤灭菌）或换土后才种。

4. 治理

常巡视种植地，及时发现病株，拔除并销毁。

紫罗兰灰霉病症状

灰葡萄孢 *Botrytis cinerea*

九、紫罗兰灰霉病（图2-22、图2-23）

1. 病原

真菌门半知菌亚门丝孢纲丛梗孢目丛梗孢科葡萄孢属的灰葡萄孢 *Botrytis cinerea* Pers.。该菌寄主广泛。大量孢子存在于空气中，当有适合的小环境和寄主处于感病阶段，极易造成病害流行。

2. 症状

幼苗感病易猝倒死亡或整株软腐溃烂，潮湿时长出2～6mm长的灰色绒毛状物。花期受害，花朵被覆盖一层密密的灰霉状物，并能散发出大量灰色孢子雾（用手指弹一下病花瓣即可见）。

3. 预防

播种前将种子用1%石灰水浸种20min，后用清水洗净，也可用杀菌剂稀释后浸种消毒。苗床土壤用热力、化学方法消毒。

4. 治理

当发现苗床内有病株时，应及时连土一起挖除，客上无病土后补种，并在苗床上喷杀菌剂保护其他尚未发病的植株，防止病害继续蔓延。

十、紫罗兰叶尖枯和叶斑病 (图2-24、图2-25)

1. 病原
真菌门半知菌亚门丝孢纲丛梗孢目暗色孢科枝孢属的海绵枝孢 *Cladosporium spongiosum* Berk & Curt

2. 症状
中下部老叶叶尖病初发黄变褐，收缩微卷曲，湿度大时出现暗绿色霉层或暗橄榄色密毡状物，形成叶尖枯病；而海绵枝孢可以引致中下部老叶全片叶产生分散的许多不规则形小斑，叶片不变形，湿度大时产生暗褐色至黑色绒毛状物。

3. 预防
该菌尚能侵染槟榔（叶枯）、德国兰（花腐）、铁刀木和茼蒿（叶霉）等，种植时不与这些植物种在一起，以免扩大侵染。

4. 治理
少量植株发病时，应及时清除病叶，喷杀菌剂保护，若有20%以上植株发病，应拔除那些有病株，使株行距变稀，使之通风透光，减少湿度和降温（即调节温棚和遮阴网，达到降温降湿的目的）。

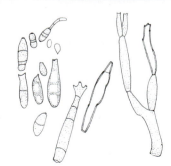

| 2-24a | 2-24b |
| 2-24c | 2-25 |

紫罗兰叶尖枯病症状

海绵枝孢 *Cladosporium spongiosum*

十一、紫罗兰茎溃疡 (图2-26～图2-28)

1. 病原
白色、红色菌落是纤细枝孢 *Cladosporium tenuissimum* Cooke，黑色菌落是海绵枝孢。

2. 症状
茎部初有白色菌落和黑色菌落，茎组织有裂口，逐渐裂口变大，白色菌落变为粉红色至橘红色，枝和茎裂口处溃疡斑极易断开。

3. 预防和治理
参看紫罗兰叶斑病。

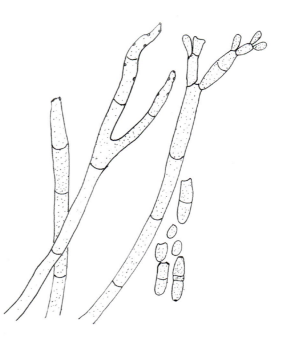

2-26 | 2-28
2-27

溃疡病症状

溃疡病初期症状

纤细枝孢 *Cladosporium tenuissimum*

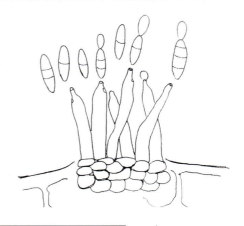

2-29a | 2-29b
2-29c | 2-30

紫罗兰白斑病症状

白斑柱隔孢 *Ramularia* sp.

十二、紫罗兰白斑病 (图2-29、图2-30)

1. 病原
半知菌亚门丝孢纲丝孢目淡色孢科柱隔孢属的白斑柱隔孢 *Ramularia areola* Atk.

2. 症状
叶上病斑呈近圆形或不规则形，白色或淡绿色斑，有时因病斑而使叶片部分畸形。空气湿度大时，可见有短的白色绒状物——白色霉斑。

3. 预防
参看紫罗兰灰霉病预防。

4. 治理
参看紫罗兰灰霉病治理。

十三、紫罗兰菌核病（图2-31、图2-32）

1. 病原

子囊菌亚门盘菌纲柔膜菌目核盘菌科核盘菌属的核盘菌 *Sclerotinia sclerotiorum* (Lib.) de Bary，它可以侵染许多寄主植物，如油菜、鹅掌柴、鸢尾、雏菊等，广泛为害十字花科、菊科、豆科、茄科、葫芦科、锦葵科植物。

2. 症状

从苗期至开花都可发病，以开花期发病最盛，叶、茎、花都会受害，以茎部被害最重。叶柄和茎基初病产生红褐色斑，湿腐，渐转为白色，长出白色絮状菌丝，大片长条形或绕茎为害，此时易折断。病斑的皮层易和木质部分离，其后破裂成乱麻状，髓部蚀空，内部产生许多鼠类粪状的黑色菌核。

3. 预防

菌核在土壤、残体、种子和堆肥中越冬。在温湿度适宜时，菌核萌发长出子囊盘，并散放出子囊孢子，成为本病的初侵染源，在干旱的情况下，土壤中的菌核也可以直接产生菌丝，可侵染靠近地面的枝叶而发病。

4. 治理

采取农业防治为基础的综合防治措施。着重抓好轮作，播种不带菌的种子。窄洼深沟和箐沟排渍水，抽苔期控制氮肥施用量等环节，结合紫罗兰花期适当喷农药。酸性土可喷1:5~8硫磺消石灰粉。4~6斤/亩，碱性土喷施50%多菌灵可湿性粉剂500~1000倍液。可7~10天喷施一次，约喷2~3次。

紫罗兰菌核病症状

核盘菌 *Sclerotinia sclerotiorum*

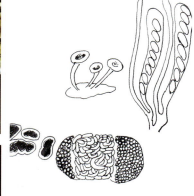

2-33 | 2-34

紫罗兰细菌性腐烂病症状

黄单胞杆菌 *Xanthomonas incanae*

十四、紫罗兰细菌性腐烂病 (图2-33、图2-34)

1. 病原
细菌中的黄单胞杆菌 *Xanthomonas incanae*

2. 症状
幼苗受害后主茎上产生深绿色、水渍状条斑，后变为深褐色，并开裂，然后整株腐烂死亡。

3. 预防
紫罗兰各个生育期都能发生腐烂病，解剖较老的病株时，茎内有黄色脓状液滴出现（菌脓）即病原细菌，它随残体在土内越冬，种子可以带菌。种植前种子必须消毒，可用54.4℃热水浸种10min。

4. 治理
及时发现病株，迅速挖除销毁。种植土必须消毒（参考猝倒病土壤消毒法）。

十五、紫罗兰花叶病 (图2-35)

1. 病原
病毒中的芜菁花叶病毒Turnip mosaic virus。该病毒分布世界各地，寄主范围广泛，体外保毒期20℃3～4天。

2. 症状
病花瓣呈深紫色和浅紫色或白色的碎棉絮状，叶缘扭曲，叶片皱缩，幼病叶有深绿色疱斑，绿色部分杂有系统的黄白色斑点。

3. 预防
病毒可经病健磨擦汁液传播，主要由桃蚜、菜蚜等40～50种蚜虫传毒。从幼株开始定期喷药杀虫。应特别注意喷药针对1～2龄幼蚜（若虫）很细小，近粉末状（成虫期不易杀死）。

4. 治理
清除其他寄主植物或不与有关植物混栽，及时拔除病株，认真防治传毒介体蚜虫。可喷杀虫剂或石硫合剂，冬春用1～1.5波美度，夏秋晴天用0.3～0.9波美度，7～10天一次。

2-35　花叶病毒病症状

2-36　紫罗兰曲顶病病状图

十六、紫罗兰曲顶病 (图2-36)

1. 病原

病毒中的甜菜曲顶病毒Beet curly top virus。寄主范围广，44科的300多种双子叶植物。该病毒分化为许多株系，有的株系只能侵染最易感病的品种。

2. 症状

病株矮化，枝顶腋芽萌发许多侧枝，其上有线状叶（扭曲向内卷），叶下表面叶脉扭曲，并长出瘤状突起，花茎簇生，花畸形，花瓣变小。

3. 预防

该病毒由叶蝉传播，菟丝子也可传播病毒。拔除病株和菟丝子并销毁。

4. 治理

严格控制介体昆虫叶蝉，减少感染机会。用50%马拉松1000倍液或波美度1度左右的石硫合剂，视天气定，冷天浓度大些，热天浓度小些，可兼防治病害和虫害。

第二节　蔷薇属病害

一、月季白粉病 (图2-37～图2-39)

月季白粉病是世界性病害。

1. 病原

真菌门半知菌亚门从梗孢目粉孢属白尘粉孢 *Oidium leucoconium* Desm., 有性阶段为子囊菌亚门、核菌纲、白粉菌目的蔷薇单丝壳 *Sphaerotheca pannosa* (Wallr.) Lév.。

2. 症状

主要危害叶片、叶柄、花梗、花蕾及嫩梢。病部表面覆盖白粉状物（病症），严重时被害叶片变黄、嫩叶卷曲、皱缩、变厚，花蕾枯死或出现畸形花。

3. 预防

在温带地区病菌以无性分生孢子作为初侵染和再侵染源，借气流传播，全年侵染，无明显的越冬期。大棚栽培较露天栽培易发病；偏施多施氮肥易发病，不同品种间抗病性有差异，一般红花较黄花月季易感病。

4. 治理

(1) 冬季剪除病枝，使枝条通风透光，清除病叶，减少病菌的侵染来源。修剪后喷施0.8～1度石硫合剂。

(2) 早春剪除先发病的枝芽。

(3) 发病初期喷施杀菌剂，可选用20%粉锈宁2000～3000倍液，或30%特富灵2000倍液，或40%福星乳油4000～5000倍液，2～3次或更多，隔1～2周一次，前密后疏，交替施用。

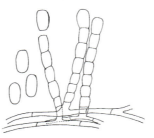

2-37a	2-37b
2-38	2-39

白粉病症状

单丝壳 *Sphaerotheca* sp.

粉孢霉 *Oidium* sp.

二、月季、玫瑰黑斑病（图2-40～图2-42）

1. 病原

半知菌亚门黑盘孢目放线孢属蔷薇放线孢菌 *Actinonema rosae* (Lib.)Fr.=*Marssonina rosae* (Lib.) Lied.，有性世代为子囊菌亚门双壳属蔷薇双壳孢菌 *Diplocarpon rosae* Wolf，一般不常见。

2. 症状

主要危害叶片，也能危害叶柄和嫩枝。初期叶斑深褐色，近圆形，大约0.7～0.8cm，外围具黄色晕环，后期病斑灰褐色(病状)，有轮状排列的小黑点（病症），病害可引起严重落叶。

3. 预防

病菌以无性孢子全年侵染危害，以菌丝体和分生孢子盘在病株上或病残物在土壤中存活越冬，夏季高温季节病情较轻。早春、初夏及秋冬是月季、玫瑰生长季节的最好季节，但病害往往发生较重。温暖而高湿的天气，特别是高湿为该病发生的主要条件。不同的品种间抗病性有一定差异。园圃、盆栽通气不良或肥水管理不当，发病较重。

2-40a	2-40b
2-41	2-42

黑斑病症状

蔷薇放线孢菌 *Actinonema rosae*

蔷薇双壳菌 *Diplocarpon rosae*

4. 治理

(1) 合理修剪,清洁园圃枯枝落叶集中烧毁,必要时进行重修剪,冬季修剪后结合喷药预防,如能坚持进行几年,防效显著。

(2) 合理施肥。实行配方施肥,避免氮肥偏施,增施有机肥；改善土壤通透性(盆栽的适当掺入木炭或煤渣块),不要用喷灌方式浇水,改变浇水时间,避免月季叶片沾水过夜。

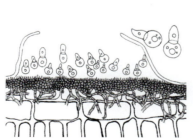
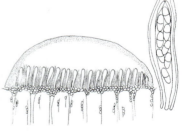

(3) 及时喷药预防控制。除做好冬季修剪清园后,地面及树上全面喷药保护外,在早春植株抽生新叶、病害未发生或初发之时连续喷施0.5%～1%石灰等量式波尔多液,或0.5度石硫合剂或50%苯来特可湿性粉剂800～1000倍液,或70%甲基托布津+75%百菌清可湿性粉剂（1:1）1000～1500倍液,或40%多菌灵（或福美双）可湿性粉剂1000～1500倍液,或50%多菌灵500倍液,2～3次或更多,隔1～2周喷一次,前密后疏,交替施用,喷匀喷足。在喷药的同时,如加入适量"叶面宝"等叶面营养剂（即混即喷）或两者交错喷施2～3次,效果更佳。

三、月季、玫瑰炭疽病（图2-43、图2-44）

1. 病原

半知菌亚门黑盘孢目刺盘孢属的胶孢炭疽菌 *Colletotrichum gloeosporioides* Penz.。

2. 症状

主要危害叶片，也可危害枝干。叶斑半圆形至不定形，褐色至灰褐色，斑面上有细纹或轮纹（病状），其上有小黑点或小红点；枝干上病斑椭圆形，稍下陷，斑面密生小红点。

3. 预防

病菌以菌丝体和分生孢子盘在病株或病残体中存活越冬，以分生孢子作为初侵染和再侵染源，借风雨传播，广东省全年侵染，在昆明5月雨季开始后发病，无明显的越冬期。天气温暖多雨或园圃通风透气不良有利于病害发生。偏施氮肥也易发病。

4. 治理

(1) 选用抗病品种。

(2) 精心护养。加强综合栽培管理，配方施肥、合理浇水、松土培土、喷药防病及修剪等。

(3) 发病前或发病初期及时喷药预防控制。发病前的预防可选用0.5%～1%石灰等量式波尔多液，或70%退菌特可湿性粉剂900倍液或70%托布津+75%百菌清可湿性粉剂(1:1) 1000～1500倍液，或40%多硫悬浮剂600倍液，或80%炭疽福美可湿性粉剂800倍液，或25%炭特灵可湿性粉剂500倍液，或50%施保功可湿性粉剂1000倍液，1～2周一次，2～3次或更多，交替喷施，前密后疏。

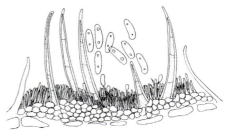

月季炭疽病症状

胶孢炭疽菌 *Colletotrichum gloeosporioides*

2-43 | 2-44

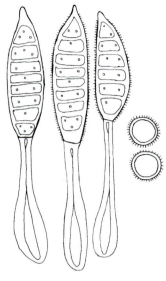

月季锈病症状图
多胞锈菌 Phragmidium sp.

四、月季、玫瑰锈病（图2-45、图2-46）

1. 病原

担子菌亚门锈菌目多胞锈菌属的短尖多胞锈菌 Phragmidium mucronatum (Pers.)Schlecht.=P. disciflorum (Tode)James、蔷薇多胞锈菌 Ph.rosae-multiflorae Diet和玫瑰多胞锈菌 Ph.rosae-rugosae Kasai病菌属单主寄生全孢型锈菌（在其生活史中，同一寄主上能产生五种类型孢子）。为害大，分布广。另外蔷薇多胞锈菌和玫瑰多胞锈菌也能引致月季、玫瑰锈病。

2. 症状

主要危害叶片。前期被害叶片背面初现黄色小疱斑，随后疱状逐渐隆起，色泽逐渐加深，最终表皮破裂，散出锈色粉状物即锈孢子；后期病部产生黑色粉状物即冬孢子（病症）。叶正面出现褪色斑（病状）。

3. 预防

结合修剪，清除病枝叶烧毁，做好冬季修剪和清园工作，减少侵染来源，并喷保护剂预防；同时注意水肥管理，合理施肥，适量浇水，增强树势，可适量喷施叶面营养剂。

4. 治理

初期发病时可喷20%三唑酮乳油2000倍液，或45%三唑酮硫黄悬浮剂1000～1500倍液，或25%敌力脱乳油2000倍液，或12.5%速保利可湿性粉剂2000～3000倍液，或0.2～0.4波美度石硫合剂1～2次，可交替喷施，喷匀喷足，能够抑制病害发展。

五、月季、玫瑰灰斑病（图2-47、图2-48）

1. 病原
半知菌亚门丛梗孢目尾孢属的普德尔尾孢菌 *Cercospora puderi* Ben Davis。

2. 症状
主要危害叶片。叶斑褐色近圆形，严重时小病斑连成大病斑（病状），病斑表面有细小的褐色小点，即病菌的分生孢子座（病症），最后叶片干枯提早脱落。

3. 预防
病菌以菌丝体和分孢梗在病部或病残体上越冬，南方地区越冬期不明显。病菌的分生孢子借气流传播侵染。高温多雨的季节有利于病害发生。

4. 治理
(1) 冬季及生长季节及时做好修剪、清园工作，收集病残落叶烧毁，清除初侵染源。

(2) 经常发病的园圃在冬季清园后、翌年初春新叶抽生时初见病叶喷药进行保护，尤其注重清园后到翌年初春发病前的喷药保护。药剂可选用75%百菌清可湿性粉剂600～800倍液，或50%苯来特可湿性粉剂800倍液，或30%氧氯化铜＋70%代森锰锌可湿性粉剂（1:1）800倍液，喷1～2次，药剂可交替施用。发病期间也可全面喷药1～2次，10天左右1次，喷匀喷足，保护再度萌生的新枝叶。

灰斑病症状

普德尔尾孢 *Cercospora puderi*

2-47 | 2-48

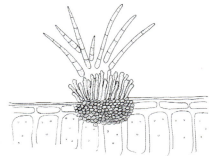

蔷薇黑斑叶点霉病症状
叶点霉菌在小枝上症状
叶点霉 *Phyllosticta* sp.

2-49 | 2-50
2-51

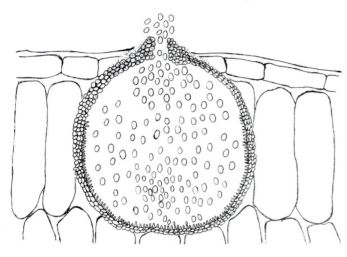

六、蔷薇黑斑叶点霉病（图2-49～图2-51）

1. 病原

半知菌亚门球壳孢目蔷薇黑斑叶点霉 *Phyllosticta rosarum* Pass.。分生孢子小于15μm的真菌引致。

2. 症状

主要危害叶片及小枝。黑色病斑多为圆形，直径约0.3cm，病症在叶正面，危害不大，病斑表面散生针尖大小黑粒状物（病症），一片叶上有多个小黑斑。

3. 预防

病菌以菌丝体、分生孢子器在病株上或枯枝落叶上及遗落土中的病残体上存活越冬。翌年初春温度、水分充足时，分生孢子自分生孢子器孔口中大量涌出，借风雨传播，从植株伤口或表皮气孔侵入即行发病。温暖多雨的季节及年份发病较重。园圃低湿或植株长势较差则发病严重。

4. 治理

参照月季、玫瑰炭疽病。

七、月季、玫瑰多毛孢叶枯病（图2-52、图2-53）

1. 病原
半知菌亚门黑盘孢目拟盘多毛孢属的真菌 *Pestalotiopsis* sp.。

2. 症状
病斑从叶尖向下沿主脉作三角状扩展；斑面红褐色。表面有细轮纹（病状）；病、健交界处界限不明晰，周围有黄色晕圈；后期病斑表面有小黑点（病症）。

3. 预防
病菌以菌丝体和分生孢子盘在病株或病残体中存活越冬，以分生孢子作为初侵染和再侵染源，借风雨传播，全年侵染，无明显的越冬期。天气温暖多雨或园圃通风透气不良有利于病害发生。偏施氮肥也易发病。

4. 治理
(1) 选用抗病品种。

(2) 精心护养。加强综合栽培管理，配方施肥、合理浇水、松土培土、喷药防病及修剪等。

(3) 发病前或发病初期及时喷药预防控制。发病前的预防可选用0.5%～1%石灰等量式波尔多液，或70%托布津+75%百菌清可湿性粉剂（1:1）1000～1500倍液，或80%炭疽福美可湿性粉剂800倍液，或25%炭特灵可湿性粉剂500倍液，或50%施保功可湿性粉剂1000倍液，1～2周一次，每次选1种组合药剂，2～3次或更多，轮换交替喷施。

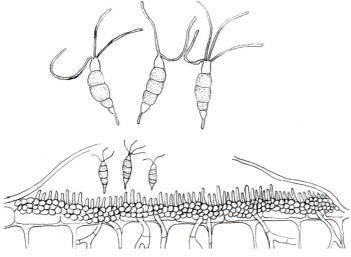

叶枯病症状

拟盘多毛孢 *Pestalotiopsis* sp.

2-52
2-53

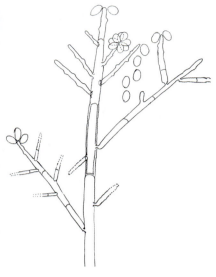

月季花托灰霉病症状

灰葡萄孢 *Botrytis cinerea*

2-54 | 2-55

八、月季、玫瑰灰霉病（图2-54、图2-55）

1. 病原

真菌门半知菌亚门丝孢纲丛梗孢目（科）葡萄孢属的灰葡萄孢 *Botrytis cinerea* Pers.。

2. 症状

主要危害叶、花蕾、花朵及花托。花蕾染病呈褐色至黑褐色湿腐状（病状）；花朵感病后呈水渍状或褐色湿腐，严重时整朵花腐烂萎垂。潮湿时患部表面现白霉或灰霉（病症）花瓣边黑并渗出薄层黏质物（细菌参加到变黑腐败的过程产生菌脓）。

3. 预防

病原真菌在病落叶及残体中存活越冬，借风雨等传播，从植株自然孔口或伤口侵入致病，温暖或日暖夜凉及潮湿环境有利于病害发生，通气不良易发病。

4. 治理

（1）搞好园圃卫生，收集地面及植株上病老残枝、落花、落叶集中烧毁。重点做好冬季清园后的喷药保护工作。发病期注意通风透光，将过密处移开、修剪，使之株行距变稀，可减轻病害程度。

（2）每年的发新叶及现蕾期间，喷施25%甲霜灵可湿性粉剂（或58%瑞毒霉锰锌或64%杀毒矾）加50%速可灵（或扑海因）可湿性粉剂＋30%氧氯化铜（或77%可杀得）悬浮剂（1:1:1）600～800倍液或抗菌素类药剂交替施用，2～4次，隔1周左右1次，前密后疏。

九、月季、玫瑰枝枯病（图2-56～图2-61）

1. 病原

半知菌亚门腔胞纲球壳菌目盾壳霉属伏克盾壳霉 *Coniothyrium fuckelii* Sacc., 有性阶段为 *Leptosphaeria coniothyrium* (Fckl.)Sacc.。也有小孢壳囊孢 *Cytospora microspora* (Corda)Rabenh.和炭疽菌 *Colletotrichum* sp.等，不同地区和园圃的病原不完全相同，但以盾壳霉属为主。

2. 症状

染病主枝及侧枝成段呈紫红色至黑褐色（病状），当病部褪为灰褐色或灰白色时，其上可见清晰小黑粒（病症）。坏死枝段以上的枝梢逐渐萎缩枯死，整个植株长势衰弱。

3. 预防

病菌均以菌丝体和子实体及分生孢子器在病组织上存活越冬。翌年春分生孢子器内的分生孢子自孔口涌出，借风雨传播，从伤口及自然孔口侵入致病。所以过度修剪、管理粗放或蚜虫、叶蝉等虫害较重的园圃发病较多；高温干旱年份或季节也发病较重。

4. 治理

(1) 发病园圃结合修剪，集中烧毁病枯枝落叶，减少侵染来源，并喷药进行保护（0.5%～1%石灰倍量式波尔多液，或30%氧氯化铜悬浮剂600倍液，或10%多菌铜乳粉400倍液等）。

2-56　壳囊孢枝枯病症状

2-57	2-58a
2-58b	2-59
2-60	2-61

盾壳霉枝枯病症状

炭疽枝枯病症状

炭疽菌 *Colletrichum* sp.

盾壳霉 *Coniothyrium* sp.

壳囊孢 *Cytospora microspora*

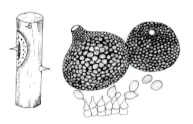

(2) 合理施肥，适量浇水，增强树势；适时喷施叶面营养剂。

(3) 常发病园圃加强植株生长期病害发生前的喷药预防。可交替喷施30%氧氯化铜悬浮剂+70%代森锰锌可湿性粉剂(1:1) 800倍液，或50%甲基硫菌灵悬浮剂600～800倍液，或70%甲基托布津可湿性粉剂1000倍液，或50%多菌灵800～1000倍液，3～4次，隔1～2周喷1次，前密后疏。

十、月季花腐及叶斑病（图2-62～图2-66）

1. 病原
真菌门半知菌亚门丝孢纲丛梗孢目丛梗孢科枝孢属两个种，蓼丝枝孢 *Cladosporium musae* Mason引起月季条斑花腐，多主枝孢 *Cladosporium herbarum* (pers.)Link引起黑点花腐。

2. 症状
主要危害花瓣、叶片。黄色月季花瓣有黑色条斑；淡紫花瓣有黑色圆形斑。叶片枝孢霉危害表现为叶背叶主脉上有许多绒毛状物（病症）。

3. 预防与治理
参看月季、玫瑰灰霉病。

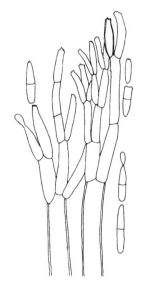

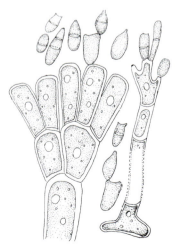

2-62	2-63
2-64	
2-65	2-66

月季条斑花腐症状

蓼丝枝孢 *Cladosporium musae*

月季黑点花腐症状

多主枝孢 *Cladosporium herbarum*

月季枝孢叶斑病症状

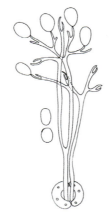

霜霉病症状

蔷薇霜霉菌 *Peronospora* sp.

茄子霜霉病症状（参考）

莴苣霜霉病症状（参考）

十一、月季、玫瑰霜霉病（图2-67～图2-70）

1. 病原

真菌门鞭毛菌亚门卵菌纲霜霉目（科）蔷薇霜霉菌 *Peronospora sporsa* Berk. 孢囊梗锐角叉状分枝，顶端微弯而尖，孢子囊椭圆形至亚球形，卵孢子球形。

2. 症状

发生在叶、新梢和花上。初期叶上出现不规则的淡绿色斑纹，后扩大呈黄褐色到暗紫色，最后为灰褐色，边缘色较深，逐渐扩大蔓延到健康组织，无明显界限。空气湿度大时，叶背面可见稀疏的灰白色霜霉层。有的病斑为紫红色，中心为灰白色。新梢和花感染时，病斑与叶片上的病斑相似，但梢上病斑略凹陷。严重时叶枯萎脱落，新梢枯死。

3. 预防

病菌以卵孢子越冬越夏，以孢囊孢子蔓延侵染，主要发生于温室中3、4月或10、11月发病最重。温室苗床月季苗密集时发生多，通风不良，湿度高，氮肥高时发病重。

4. 治理

(1) 及时剪除病株和叶，并销毁，将污染的苗木消毒换土。严重发病苗床，下次播种前土壤要先消毒。

(2) 温室要注意通风，保持干燥。

(3) 发病初期应喷50%代森锰锌600倍液1次，或50%代森铵1000倍液，或1%波尔多液均有效果。

十二、月季穿孔病（图2-71～图2-73）

1. 病原
半知菌亚门腔胞纲球壳孢目球壳孢科壳二孢属小孢壳二孢 *Ascochyta leptospora*（Trail）Hara 孢子淡色，双胞，分隔处稍缢缩(14.5～16) μm × (4.5～5) μm，和壳=*Ascochta* sp. 有多种寄主。

2. 症状
多发生在叶片上，病斑近圆形，叶正面边缘暗紫色，中心灰白色溃疡状，极易穿孔，近病斑边缘处有小黑点，即小孢壳二孢的分生孢子器，叶背面病斑边缘呈黄褐色，稍隆起。一片叶上有几个到十几个空洞状斑。

3. 预防
目前该病尚不严重，有待调查和观察。

4. 治理
病轻，可不做任何处理。

| 2-71 | 2-72 |
| 2-73 | |

蔷薇穿孔病症状

壳二孢 *Ascochyta* sp.

小孢壳二孢 *Ascochyta leptospora*

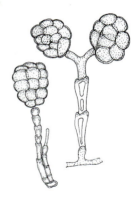

2-74a | 2-74b | 2-75

月季、玫瑰梢枯病症状

匍柄霉 *Stemphylium botryosum*

十三、月季、玫瑰梢枯病（图2-74、图2-75）

1. 病原

真菌门半知菌亚门丝孢纲丛梗孢目暗色孢科匍柄霉属的匍柄霉 *Stemphylium botryosum* Wallr.引致。

2. 症状

引起枝枯，叶斑。染病枝条灰色至灰褐色（病状）枯死，其上可见清晰黑色小绒点粒（病症）。坏死枝段以上的枝梢逐渐萎缩枯死，整个植株长势衰弱。

3. 预防

避免过度修剪、管理粗放或虫害危害；高温干旱年份或季节也发病较重，高温应注意遮荫，加强养护，干旱季节蚜虫危害严重。昆虫可协助病害传播流行。

4. 治理

发病园圃结合修剪，集中烧毁病枯枝落叶，减少侵染来源，并喷药进行保护，使用0.5~1.5波美度石硫合剂，可在杀菌同时杀死蚜虫的若虫，一举两得（蚜虫一定是1~2龄若虫，才易控制而不是雌蚜或有翅蚜）。

(1) 合理施肥，适量浇水，增强树势；适时喷施叶面营养剂。

(2) 常发病园圃加强植株生长期病害发生前的喷药预防。可交替喷施30%氧氯化铜悬浮剂+70%代森锰锌可湿性粉剂（1:1）800倍液，或50%甲基硫菌灵硫黄悬浮剂600~800倍液，或70%甲基托布津可湿性粉剂1000倍液，或50%多菌灵800~1000倍液，3~4次，隔1~2周喷1次，前密后疏。

十四、月季、玫瑰叶尖枯和叶斑病（图2-76～图2-79）

1. 病原
真菌门半知菌亚门丝孢纲丛梗孢目暗色孢科链格孢属的旋转交链孢 *Alternaria circinans*，蔷薇尾孢 *Cercospora rosae* (Fuck.)Höhn.引致。

2. 症状
病斑从叶尖、叶缘向内扩展形成圆斑或不规则形；斑面红褐色，后期病斑表面有黑色点斑（前者病原），潮湿时呈暗绿色绒状物（后者病原）。

3. 预防
清除圃地的病残体，烧毁，秋冬季节清理结合预防可选用0.5%～1%石灰等量式波尔多液，或70%托布津＋75%百菌清可湿性粉剂（1:1）1000～1500倍液，以减少第二年病菌的侵染来源。

4. 治理
生长期可喷1:1:200波尔多液保护；发病时可喷布杀菌剂，如：5%退菌特800倍液等。

2-76	2-77
2-78	2-79

蔷薇尾孢病症状

交链孢叶斑病症状

蔷薇尾孢菌 *Cercospora rosae*

交链孢 *Alternaria circinans*

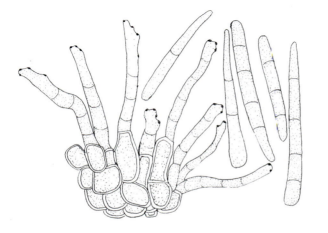
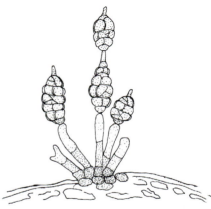

玫瑰干腐症状
月季干腐症状

2-80 | 2-81

十五、月季、玫瑰干腐（图2-80～图2-84）

1. 病原

真菌门子囊菌亚门核菌纲冠囊菌目（科）冠囊菌属的狭冠囊菌 Coronophora angustata Fuckel.及半知菌亚门丝孢纲丛梗孢目（科）帚梗柱孢菌 Cylindrocladium scoparium Mongan.两种真菌引致。

2. 症状

感病枝条或主干呈褐色（病状）枯死，其上可见黑色大型颗粒状物（狭冠囊菌菌落）和许多分散的黑色小颗粒，潮湿时呈白色毛状物（帚梗柱孢菌菌落）。坏死枝段以上的枝梢逐渐萎缩枯死，整个植株长势衰弱。帚梗柱孢菌在印度、美国、巴西、日本、新西兰等国家和我国广西、广东、云南的部分县侵染桉树，使叶片像热水浇泼过那样，呈褐色烫伤状；月季、玫瑰叶片受害症状相似，病斑边缘水渍状，形成大病斑，在湿润情况下有大量白色霉状物，即病原菌的分生孢子梗和分生孢子（病症）。

3. 预防

避免过度修剪、管理粗放或虫害危害；高温干旱年份或季节也发病较重，重度修剪后，高温应注意遮荫，保护抽出的嫩茎不被烈日灼伤。适时浇灌水，使新茎枝健康生长。

4. 治理

（1）发病园圃结合修剪，集中烧毁病枯枝落叶，减少侵染来源，并喷药进行保护（0.5%～1%石灰倍量式波尔多液，或30%氧氯化铜悬浮剂

600倍液，或10%多菌铜乳粉400倍液等）。

(2) 合理施肥，适量浇水，增强树势；适时喷施叶面营养剂。

(3) 常发病园圃加强植株生长期病害发生前的喷药预防。可参考月季、玫瑰梢枝枯病用药。

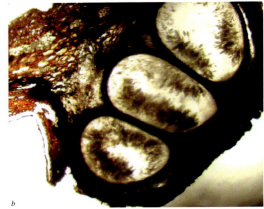
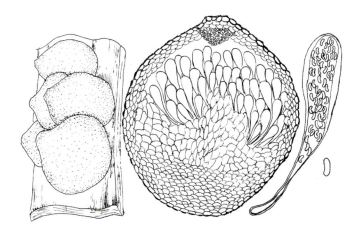
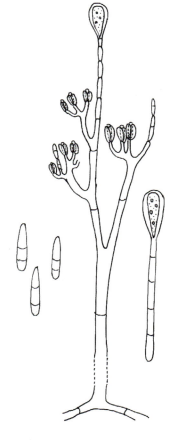

2-82a | 2-82b
2-83 | 2-84

狭冠囊菌 *Coronophora angustata* 显微图

狭冠囊菌 *Coronophora angustata*

帚梗柱孢菌 *Cylindrocladium scoparium*

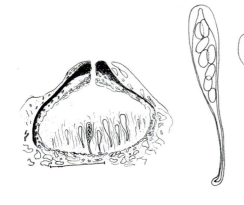

2-85 | 2-86
2-87

月季、玫瑰干溃疡病症状
病症明显(小黑点)
葡萄座腔菌 Botryosphaeria sp.

十六、月季、玫瑰枝干溃疡（图2-85～图2-87）

1. 病原

真菌门子囊菌亚门腔菌纲格孢腔菌目葡萄座腔菌科葡萄座腔菌属葡萄座腔菌 Botryosphaeria dothidea (Moug.ex Fr.) Ces. et de Not. 该菌分布范围极广，可危害许多木本植物干部，引致干腐、溃疡，并使之烂根，危害果实，导致果腐。

2. 症状

病菌引起溃疡，上部茎干叶片变褐，茎皮皱缩、失水干枯，皱皮上有许多小黑点，当病斑扩大环绕茎皮后便枯萎死亡。

3. 预防

采集切花后注意养护管理，避免过度修剪，管理粗放或虫害较重的园圃发病较多；高温干旱年份或季节也发病较重，故需适时适量遮荫。

4. 治理

发病园圃结合修剪，集中烧毁病枯枝落叶，减少侵染来源，并喷药进行保护。

(1) 合理施肥，适量浇水，增强树势；适时喷施叶面营养剂。

(2) 常发病园圃加强植株生长期病害发生前的喷药预防。可交替喷施杀菌剂（用药参考月季、玫瑰枯梢病和干腐病治理）。

十七、蔷薇锈病（图2-88、图2-89）

1. 病原

真菌门担子菌亚门冬孢纲锈菌目蔷薇卷丝锈 *Gerwasia rosae* Tai，夏孢子堆多生于叶正面表皮下，有侧丝；冬孢子堆一般生于叶被，病斑微肿淡黄色，下表皮内有许多细长弯曲的担子，冬孢子生于气孔外。该菌适生于温带或不冷不热的小环境中。

2. 症状

危害嫩叶至成长叶，病症叶两面生，叶正面病斑微红褐色，无明显边缘，中部有红褐色小点（内有夏孢子堆），叶被病斑淡黄色微肿，病斑近圆形，边缘明显。病害发生于嫩茎、嫩叶时变畸形；发生于较老叶时只有斑点状病斑。但老叶极易脱落，经常使植株叶片提前落光，小枝早衰，植株开花少且小。

3. 预防

早发现病叶，早做防治工作，清理种植地，减少侵染来源。

4. 治理

在初病期开始打药控制，用多菌灵、百菌清、托布津等杀菌剂，连喷2～3次（两次之间隔7～10天）。

蔷薇锈病症状

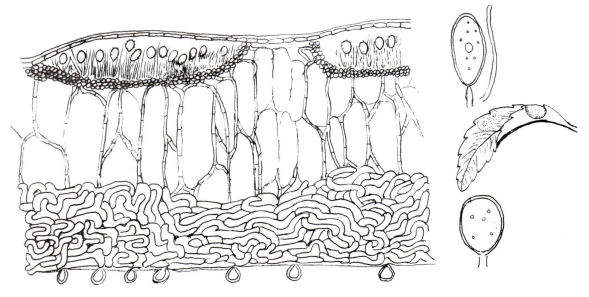

蔷薇卷丝锈菌 *Gerwasia rosae*

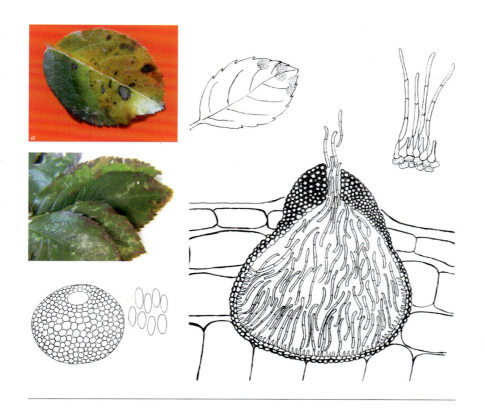

月季叶斑病

大孢大茎点霉 *Macrophoma macrospore*

月季壳针孢属 *Septoria rosae*

十八、月季叶斑病（图2-90～图2-92）

1. 病原

真菌门半知菌亚门腔孢纲球壳孢目球壳孢科大茎点属的大孢大茎点菌 *Macrophoma macrospora* (McAlp.)Sacc. et D.Sacc.。分生孢子(19～28) μm × (10～15) μm。

真菌门半知菌亚门腔孢纲球壳孢目球壳孢科月季壳针孢 *Septoria rosae* Desm.引致。

2. 症状

病斑从叶尖、叶缘向内扩展形成不规则形枯斑；斑面红褐色，后期病斑表面有灰白色点斑。

3. 预防

清除圃地的病残体，烧毁，秋冬季节清理结合预防，可选用0.5%～1%石灰等量式波尔多液，或70%托布津+75%百菌清可湿性粉剂（1:1）1000～1500倍液，以减少第二年病菌的侵染来源。

4. 治理

生长期可喷1:1:200波尔多液保护；发病时可喷布杀菌剂，如：50%退菌特800倍液等。

十九、月季细菌性叶斑病（图2-93、图2-94）

1. 病原
细菌，丁香假单胞杆菌 *Pseudomonas syringae* G⁻菌体大小0.8～1.5μm，有1～3根极生鞭毛。此菌致病性强，据资料，它还可侵染胡椒、柠檬、菜豆、紫丁香、柑橘等多种植物。

2. 症状
主要是为害叶、枝、花梗和花萼，在叶片上产生不规则水渍状大斑，边缘不明显，受害部位无光泽（暗淡），在枝、花梗和花萼上呈暗褐色凹斑。花芽未开发就会死亡，在冷凉气候下该病易发生。

3. 预防
受害的寄主不能种在一起，更不要大面积连片栽培上述植物。

4. 治理
及时采摘和修剪去受害部位，销毁，以减少侵染源。当预计经济和观赏价值受到大的影响时，必须对发病中心加强控制，可喷链霉素（农用型）2～3次（间隔7～10天）。

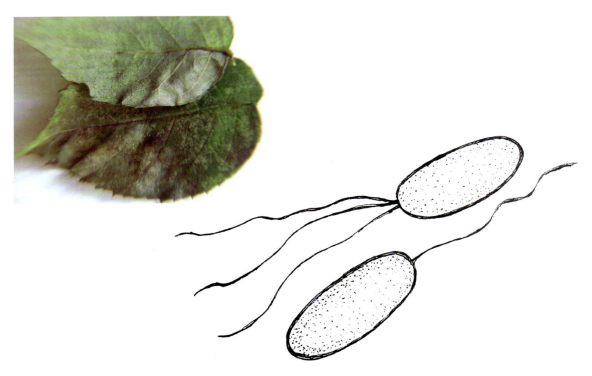

2-93
2-94

细菌性叶斑病症状

假单胞杆菌 *Pseudomonas* sp.

2-95 | 2-96
月季根癌病症状
玫瑰根癌病症状

二十、月季、玫瑰根癌病（图2-95～图2-97）

1. 病原

薄壁菌门革兰氏阴性好气菌根瘤科野杆菌属的土壤杆菌 *Agrobacterium tumefaciens* (Smith et Towns.) Conn引致。

2. 症状

常在根颈部及根部产生大大小小的肿瘤，少数发生于茎部和枝，但可以发生在高枝压条的伤口处。有时肿瘤呈结节状，表面粗糙，内部为木质瘤状，直径可达几厘米，比正常茎或根粗几倍至十几倍。植株受害后表现为生长不良，矮化，叶小，提早发黄脱落，花也瘦弱。

3. 预防

病原细菌通过伤口（虫咬伤、机械损伤、嫁接口等）侵入植株；病菌由水流传播。病菌寄主范围广，据资料报道，同时能侵染樱桃、桃、柑橘等331个属的640个不同种植物。

4. 治理

（1）烧毁有病植株或切除肿瘤涂上抗菌素类保护剂。

（2）不要在有病的苗圃再栽培月季，必须经土壤消毒后再种植，保持苗圃地排水良好。

（3）种植前将根与根颈部放置于链霉素（500万单位）溶液中浸泡2h，可以防治该病。

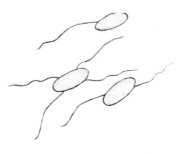

2-97 野杆菌 *Agrobacterium* sp.

二十一、月季、玫瑰丛枝病（图2-98）

1. 病原
细菌软壁菌门，植原体属 *Phytoplasma*。

2. 症状
腋芽和不定芽萌生，丛生许多细弱小枝，节尖变短，叶小，皱缩，有不明显的花叶状。病害通过带病的种根、病苗调运而传播，烟草盲蝽是传播的媒介。

3. 预防
选用无病种苗；剪除表现症状的丛枝枝条，可减轻病害程度。

4. 治理
可用四环素等抗生素注射进行治疗（即氯霉素、金霉素、土霉素、四环素等）。

2-98　月季、玫瑰丛枝病病状

图2-99 玫瑰病毒病病状
图2-100 月季病毒病病状

二十二、月季、玫瑰病毒病（图2-99、图2-100）

1. 病原

病毒及植原体。病毒毒源包括蔷薇花叶病毒、蔷薇黄脉花叶病毒等6种。已知病原植原体有蔷薇变叶病植原体和蔷薇丛枝病植原体两种。

2. 症状

全株性病害。病株一般表现矮化，以顶部幼叶嫩梢症状表现最为明显。叶片变化有：畸形、缺刻、变小；叶色斑驳、叶脉变黄；叶面呈圆斑或条纹（病状），芽叶丛生等，病症不明显。

3. 预防

从病株上选取繁殖材料和汁液接触均可传播；李属植物的种子和花粉可传播病毒。应从无病园圃或无病植株上选取繁殖材料。

4. 治理

(1) 选用抗病品种。

(2) 发现病株拔除烧毁（注意操作前后用肥皂水或消毒液洗手和洗刷工具）。暂不拔除的应进行标记并加罩防虫网进行周年监测。

(3) 苗木进行病株热处理解毒（把病株置于38℃下处理4～10周，可使植株体内的病毒失活）。

(4) 提倡使用茎尖脱毒组培苗。

二十三、月季、玫瑰缺素症（图2-101、图 2-102）

1. 病原
生理性缺素（缺铁）。

2. 症状
叶发黄、叶脉有点扭曲。

3. 预防
对应的施加所缺乏的元素，症状有所缓解；加强管理，注意灌溉；合理施用有机肥。

4. 治理
病区用硫酸亚铁或铁的熬合物浇灌土壤或叶面喷施，黄叶减少，病叶逐渐减轻。

2-101 月季缺素症病状
2-102 玫瑰缺素症病状

第三节　山茶花病害

一、山茶花腐病（图2-103、图2-104）

1. 病原

子囊菌亚门盘菌纲柔膜菌目核盘菌科（属）的山茶核盘菌 *Sclerotinia camelliae* 和半知菌亚门丝孢纲丛梗孢目（科）的葡萄孢属灰葡萄孢 *Botrytis cinerea* Pers（参见图2-55）。这是两种真菌，可以侵染一朵花或同一株山茶不同的花朵。

2. 症状

核盘菌引起花器变褐和脱落，花瓣上有多个褐色至黑色圆形斑点，湿润时黑斑有光泽，干燥时整个花冠变褐干枯。灰葡萄孢多为害花朵，使花萼、花瓣腐烂、早落，影响观赏。初病花瓣水渍状，发软，褪色无光泽，渐变为褐色，扩展的病斑圆形、不规则形，空气湿度大时产生绒毛状灰色霉层。两种病原菌产生黑、白菌落不同病症。

3. 预防

核盘菌和灰葡萄孢都有可能产生菌核，它们在土壤中越冬，在气温10～18℃时，连绵阴雨天时有利两种花腐病发生。病菌可随切花传至新地区和国家，盆栽苗或带土苗也随土将菌核传播到新的栽植地。

4. 治理

将凋萎的病花，在脱落前摘除销毁。植株基部覆盖7～8cm厚木屑或其他材料，阻止土壤中释放的孢子进入空气中传播。被病菌污染的土壤要消毒和灭菌处理（用五氯酚钠处理无植株的土）。病株喷硫磺粉杀菌或保护。

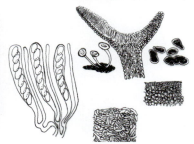

2-103a | 2-103b
2-103c | 2-104

山茶花腐病症状

山茶核盘菌 *Sclerotinia camelliae*

二、金花茶、山茶褐斑病（图2-105、图2-106）

1. 病原

半知菌亚门腔孢纲黑盘孢目（科）拟盘多毛孢属一种 *Pestalotiopsis* sp.和格皮拟盘多毛孢 *P. guepini*（Desm）Stey的真菌引致。

2. 症状

主要侵染叶片和小枝，病斑从叶尖、叶缘等部位发生，初黄褐色，小斑聚集在一起呈现为不规则的大斑，颜色加深为暗褐色，斑内有许多黑色小点，未枯尚有正常叶的小枝向阳面表皮渐变淡褐色，其上有小黑点，黑点有银色光泽。

3. 预防

勿过多施氮肥。在气温过高、日照时间长的林分林缘发病重。

4. 治理

有少数病叶时，及时采摘销毁，然后喷波尔多液保护小枝和尚未被侵染的叶片。修除病枝叶后喷杀菌剂防治，可喷多菌灵、代森锌、托布津等，依照说明书的倍数加水即可，7～10天一次，约2～3次。

2-105a	2-105b
2-105c	2-106

茶褐斑病症状

拟盘多毛孢 *Pestalotiopsis* sp.

2-107a | 2-107b
2-108a | 2-108b

山茶叶枯病症状

山茶枝枯病症状

三、山茶叶枯和枝枯病（图2-107、图2-108）

1. 病原

半知菌亚门腔孢纲黑盘孢目（科）盘多毛孢属枯斑盘多毛孢 *Pestalotia funerea* Desm.=*Pestalotiopsis* sp.（图2-106）的真菌引致。

2. 症状

受害小枝尚绿，鲜活，但有些小黑点粒。一年生以上至二年生以上的活枝上均分散有这种小黑点（分生孢子盘），花芽处于中间部位易感病枯萎，顶部靠近花萼处的叶片也易染病变枯，花期小枝易枯。花蕾、鳞片和附近的叶片或花梗等也易迅速干枯死亡。

3. 预防

病菌在芽鳞小枝上越冬，气温回升时借助风力传播，每年均有些枯枝、枯叶苗在病圃上。若不及时清除病残体和病落叶，不修剪枯枝，病原菌长期积累，一旦小气候适宜，病原可以迅速增长，而山茶植株若处于弱势，极易染病引起大量叶片、小枝和花蕾枯死，无花可开，或虽开花而花小，谢花早。

4. 治理

山茶不是强日照植物，注意种植在半荫蔽环境下，减少嫩叶、嫩枝受日照时间过长受伤害，适时施肥，增强抗病力；合理修枝、施肥和抚育。见病害有发展趋势时要及时喷药（参照金花茶、山茶叶斑及叶枯病）。

四、山茶炭疽病 (图2-109～图2-114)

1. 病原

子囊菌亚门核菌纲球壳菌目疗座霉科小丛壳属的围小丛壳菌 *Glomerella cingulata* (Stonem.) Spauld. et Schrenk，在病组织中经常见到的是它的无性态，即半知菌亚门腔孢纲黑盘菌目（科）毛盘孢属的山茶刺盘孢 *Colletotrichum camelliae* Mass.=*C. gloeosporioides* Penz.（盘长孢状刺盘孢或称胶孢炭疽菌，它可侵染601种寄主）。

2. 症状

主要为害叶片、嫩梢和果实。老叶从叶缘更易受害。初期病斑为淡褐色小点状，渐扩大变成褐色大斑，最后形成灰白色枯斑，在病健处有一紫褐色微突起的环纹。靠近环纹有轮生或散生黑色小点，潮湿时小点上有淡粉色黏液（分生孢子堆）。昆明地区山茶在5月份花谢后抽新枝，常出现

2-109a | 2-109b
2-110a | 2-110b

山茶炭疽症状
茶梅炭疽症状

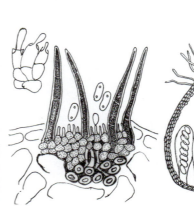

2-111 | 2-112
2-113 | 2-114

青梢枯病状
青梢枯保湿后分生孢子堆
嫩叶尖炭疽病症状
围小丛壳菌及其无性态

新枝梢青枯死亡，俗称"跳枝"。取回保湿一夜，即可见死梢基部有桔红色炭疽菌的分生孢子堆。

3. 预防

该病菌有潜伏侵染特性，易从伤口或日灼斑侵入。当高温多湿气候时衰弱株在通风不良林地易发生炭疽病流行，大量落叶、落蕾和产生青枯枝条。入秋之后还会产生大量病果病叶。

4. 治理

及时清除病叶、病梢、病果，并销毁；防止日灼伤；注意不可栽植太密，山茶适生于稀疏光照和荫蔽处，砂壤土要肥沃，排水要良好，pH5.0～6.5；病区需要7～10天喷杀菌剂一次，小枝或干有溃疡斑时，要刮治病部，并涂杀菌剂。

五、金花茶和凹脉金花茶（一级保护）炭疽病 (图2-115)

1. 病原

金花茶刺盘孢 *Colletotrichum medicaginisdenticulatae* Saw. 的真菌引致。

2. 症状

被害部位是叶片、嫩枝、嫩叶，老叶以叶尖为主。初病时各部位产生褐色不规则斑，渐扩大为枯斑。近病健处后期有小黑点，空气潮湿时可见小黑点上有浅红色黏液（分生孢子堆）。

3. 预防与治理

参看山茶炭疽病。

2-115b
2-115a

金花茶炭疽病症状

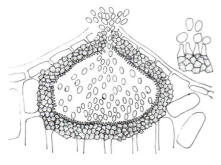 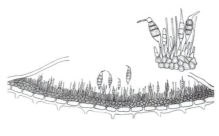

2-116a	2-116b
2-117	2-118

山茶云纹灰斑病症状

茶生叶点霉 *Phyllosticta theicola*

山茶盘单毛孢 *Monochaetia camelliae*

六、山茶云纹灰斑病（图2-116～图2-118）

1. 病原

腔孢纲球壳孢目（科）茶生叶点霉 *Phyllosticta theicola* Hara 和黑盘孢目（科）单毛孢属山茶盘单毛孢 *Monochaetia camelliae* Miles 两种真菌，常共同侵染在一叶片的不同病斑或同一病斑上。

2. 症状

叶上产生近圆形灰褐色病斑，待病斑近于干枯时，中心灰白色斑块上生有云纹状排列的小黑点稍大有光泽（分生孢子盘），有的是埋生分生孢子器的小黑点。病健处有褐色突起分界线。病枝梢上有黑色小裂纹，花芽鳞片有不明显的黑斑，近成熟的果实有大裂口，且很快变黑，病果上密布分生孢子盘。成堆时肉眼可见呈小黑点状（病症）。

3. 预防

由于老树干上曾经发生过根腐病或半边疯，树势较弱，全株小枝也处于弱生长势。此病至雨季，常见发生在管理粗放、土壤瘦薄、生长势较差的植株上。

4. 治理

目前此病在弱势单株上严重发生，应加强抚育管理恢复树势。及时修除病枝摘除病叶，并销毁减少初侵染来源，适当施肥淋水，喷保护剂，摘除花蕾减少花朵开放。

七、山茶灰斑病（图2-119、图2-120）

1. 病原

半知菌亚门腔孢纲黑盘孢目（科）盘单毛孢属坎斯盘单毛孢 *Monochaetia kansensis* (Ell. et Barth.) Sacc. 并杂有山茶盘单毛孢 *M.camelliae* Miles（图2-118）的两种真菌引致。

2. 症状

病斑初为圆形、半圆形，黄褐色，周边呈淡黄色晕圈，中央灰白色。后期边缘稍隆起，褐色。叶正面病斑内有许多小黑点（分生孢子盘）。

3. 预防

病菌多从伤口侵入，小环境湿润促使发病。菌丝和分生孢子盘可在病残体上越冬。注意操作，减少碰伤和冻害。

4. 治理

及时摘除病叶、花和果，清除地面落叶、落果，集中销毁。重病区，初病期喷药2～3次（隔7～10天1次），药剂可选65%代森锌600倍液，也可选石硫合剂，高温喷时选0.5～0.8度，低温时选1～4度（波美度）。

山茶灰斑病症状

坎斯盘单毛孢 *Monochaetia kansensis*

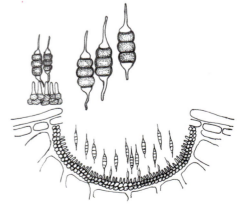

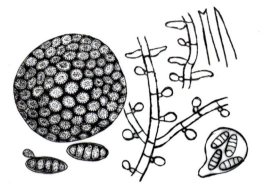
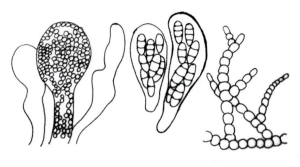

2-121a	2-121b
2-122	2-123

山茶煤污病症状

山茶小煤炱 *Meliola* sp.

煤炱 *Capnodium* sp.

八、山茶煤污病 (图2-121～图2-123)

1. 病原

子囊菌亚门不整子囊菌纲小煤炱目（科）山茶小煤炱菌 *Meliola camelliae*（Catt.）Sacc. 山茶生小煤炱 *M.camellicola* Yamam 和腔菌纲座囊菌目煤炱科（属）中的富特煤炱 *Capnodium footii* Berk.et Desm. 三种真菌引致。尚可危害油茶和茶。

2. 症状

嫩枝和叶片初病生黑色霉点，霉点逐渐增多沿主脉扩展（也有蚜虫和介壳虫繁殖后发展的方向），严重时发病部位形成一层黑色烟煤状膜，可用手指甲揭下来。用放大镜有时可见到富特煤炱的分生孢子器——黑色针状物。

3. 预防和治理

参看第三章第五节相关内容。

九、山茶叶瘿病 (茶饼病，图2-124～图2-126)

1. 病原

真菌门担子菌亚门外担子菌目 (科) 外担子菌属网状外担子菌 *Exobasidium reticulatum* Ito et Saw.和山茶外担菌 *Exobasidium camelliae* Shirai，两种真菌均可危害山茶花、油茶、茶树等。

2. 症状

嫩叶、嫩梢、花器等部位被害后，显著增大和加厚，约为正常者4倍以上，颜色变淡，病斑畸形易脆裂，畸形病斑上有一层白色粉状物。

3. 预防

初病期，摘除小菌瘿，集中烧毁。

4. 治理

植株展叶时，喷布70%福美铁1000倍液、65%代森锌500倍液防治。

2-124a	2-124b
2-125	2-126

茶饼病症状

外担菌显微图

网状外担菌 *Exobasidium* sp.

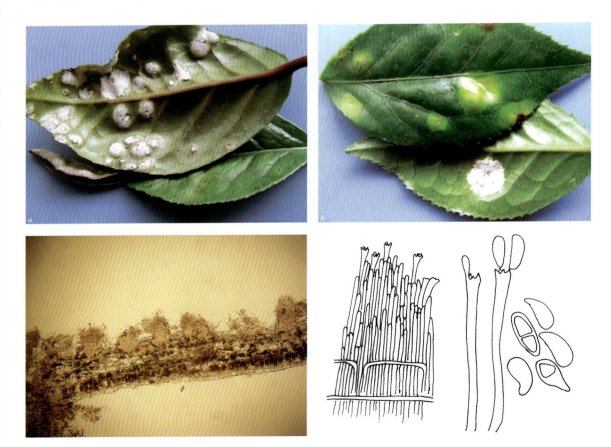

2-127 / 2-128

山茶褐斑穿孔病症状

阿宾大茎点霉 *Macrophoma albensis*

十、山茶褐斑穿孔病 (图2-127、图2-128)

1. 病原

半知菌亚门腔孢纲球壳孢目（科）大茎点属的阿宾大茎点霉 *Macrophoma albensis* Hara的真菌引致。分生孢子长椭圆形，(13～18) μm × (2～3) μm。尚可侵染茶树。

2. 症状

叶片上有近圆形的穿孔斑，直径5～8mm，少数更大些，小孔有褐色边缘（这是后期症状）；病初圆形病斑茶褐色，边缘色较深，斑内散生黑色小点（分生孢子器）。

3. 预防

清除病叶、病枝，集中烧毁。

4. 治理

植株用化学药剂防护，如50%苯来特1000倍液，15%粉锈宁800倍液。

十一、山茶枯斑病 (图2-129、图2-130)

1. 病原

半知菌亚门丝孢纲丛梗孢目（科）交链孢属的链格（交链）孢 *Alternaria alternata* (Fr.) Keissl. 的真菌引致。

2. 症状

病叶上有近圆形病斑，中央部分呈灰黑色，具深褐色微隆起的边缘，有时是呈轮纹状的病斑。叶背病斑黄褐色，边缘深褐色，中央有灰黑绒毛状病症。

3. 预防和治理

参看茶饼病。

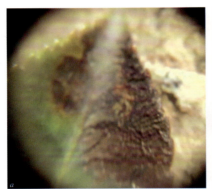

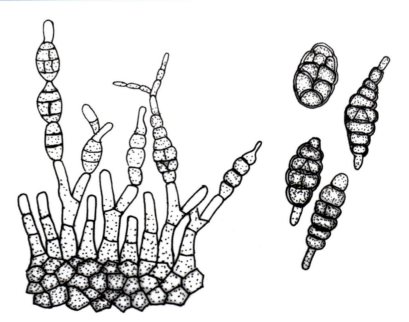

2-129a | 2-129b
2-130

山茶枯斑病症状

链格孢 *Alternaria alternata*

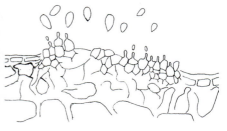

2-131a | 2-131b / 2-132

山茶疮痂病症状
痂圆孢 *Sphaceloma* sp.

十二、山茶疮痂病（图2-131、图2-132）

1. 病原

半知菌亚门腔孢纲黑盘孢目（科）痂圆孢属的一个种 *Sphaceloma* sp.的真菌引致，分生孢子梗柱形，无色、单胞，（6～12）μm×（2.5～4）μm。

2. 症状

主要为害叶片，嫩叶片正面出现微凹陷的许多小红点状物，相应叶背呈现出许多凸起的油渍状木栓化小斑。有时2～3个小斑会合，有的几个至十几个小斑会合成不规则的稍大些的斑，显现出叶背粗糙发红"麻疹"状，继而干燥破裂坏死。在每个油渍状小疱斑上有小形的不明显小灰点（分生孢子盘）。分生孢子很小且易脱落，叶背湿润时可见粉红色黏液。

3. 预防

秋冬季昆明气温高时，又有阴雨多湿的小气候。当气温在15～23℃之间遇上山茶嫩叶期时，极易发病，甚至流行。抽梢多和抽梢期长的品种，病菌侵染的机会多，不抗病。反之则为抗病品种。

4. 治理

加强栽培管理，修除病虫枝和过密枝条；清除地面枯枝落叶，减少初侵染源。夏季加强水肥，促使植株在秋季新梢抽发整齐。叶片成长快，可错开病菌的侵染期。

喷药保护山茶幼嫩器官，可喷二次波尔多液，或50%退菌特、托布津可湿性粉剂500～800倍液。7～10天一次。

十三、山茶疫霉干基腐病 (图2-133、图2-134)

1. 病原
鞭毛菌亚门卵菌纲霜霉目腐霉科疫霉属的樟疫霉 *Phytophthora cinnamomi* Rands 属真菌性病害。

2. 症状
主干的中下部，即干基部近土处病斑呈圆形或不规则形，黑色或黑褐色，病健处界线明显。病害可向上发展至小枝和顶梢。病皮下层形成水渍状腐烂，幼苗幼树的病斑常呈现凹凸缢缩状斑。病害严重时病斑连片，并迅速向上扩展，造成植株枯萎死亡。

3. 预防
树龄1～15年生以上的植株均可受害。温度过高，土壤排水不良均有利该病扩展，故要改善栽培管理措施。少施氮肥，降低种植地湿度和温度，即放宽种植密度，增加植株干基的通风透光，及时清除杂草和地被物。

4. 治理
适当增施磷、钾肥，加强植株抵抗能力。大树应刮除病斑，涂25%多菌灵30～50倍液。小树在病斑上划痕再喷药，用50%退菌特60倍液连喷3次（间隔10天）。

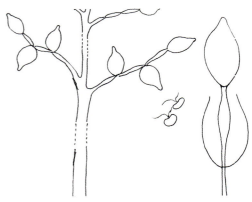

2-133a | 2-133b
2-134

山茶疫霉干基腐症状

樟疫霉 *Phytophthora cinnamomi*

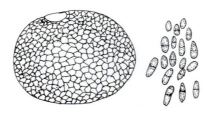

2-135
2-136

金花茶叶枯病症状

格皮色二孢 *Diplodia guepini*

十四、金花茶叶枯病（图2-135、图2-136）

1. 病原
半知菌亚门腔孢纲球壳孢目（科）色二孢属的格皮色二孢 *Diplodia guepini* Desm.引致。

2. 症状
病叶的叶缘病斑半圆形或不规则形灰色斑纹，病健处有深褐色线圈状纹。病斑中央微凹，其内散生小黑点，约0.3～0.8mm，突起于叶表皮上。

3. 预防
秋冬修剪病弱小枝，促使植物健壮生长。减少发病率和初侵染来源。

4. 治理
参阅山茶枝枯和叶斑病的治理。

十五、山茶半边疯病 (图2-137~图 2-139)

1. 病原
担子菌亚门层菌纲非褶菌目伏革菌科（属）中的碎纹伏革菌 *Corticium scutellare* Berk. et Curt.的真菌侵染所致。

2. 症状
病斑多在树干基部或中部。初病树皮微下凹，逐渐烂皮，木质部露出变色干枯状，后在发病部位呈现一层白色硬膜状物（病症），病斑明显下陷，周围常有一层至数层愈合组织。故又叫白皮干枯病、白朽病，或称烂脚瘟。

3. 预防
老山茶树加之立地条件差，伤口多，尤其是老树桩的萌芽条在阴湿杂草丛生处，此病易发生。故应注意山茶不要种在地势低洼，排水不良处。

4. 治理
病树可采取刮除病皮，涂抹1:3:15的波尔多浆，或50%托布津200~400倍液。及早刮治可以挽救病树，否则几年后逐渐衰弱死亡。

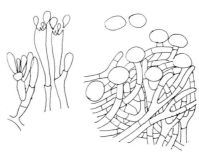

2-137 山茶半边疯病症状
2-138 茶梅半边疯病症状
2-139 碎纹伏革菌 *Corticium scutellare*

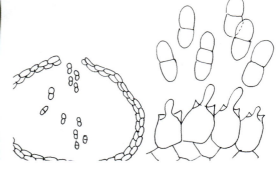

2-140 | 2-141
      | 2-142

山茶枯梢病症状
山茶叶斑病症状
小壳二孢 *Ascochyta minutissma*

十六、山茶枯梢病与叶斑病 (图2-140～图2-142)

1. 病原
半知菌亚门腔孢纲球壳孢目（科）壳二孢属的一种 *Ascochyta* sp.和小壳二孢 *A. minutissima* Pass.的真菌引致。

2. 症状
只侵染顶梢花蕾、花朵或叶片，已脱落的头两年生枝梢尖端约2cm处。此处枝已枯死，其上有小黑点（分生孢子器），叶片上的病斑多为圆形或椭圆形，少有不规则形，病斑正面色淡，背面褐色，内有小黑点。

3. 预防
加强抚育管理，适时施以水肥。

4. 治理
目前尚未发现其为害的严重性，暂不用药物治理。

十七、野山茶叶斑病（图2-143、图2-144）

1. 病原

半知菌亚门腔孢纲球壳孢目（科）盾壳霉属的掌状盾壳霉 Coniothyrium palmarum Cda. 引致。

2. 症状

病叶的叶尖、叶缘呈现不规则形的灰白色病斑。在病健处有褐色的边界线，病叶正面病斑的中心处散生许多小黑点。

3. 预防

二月份观察叶片上有无不正常的情况。若有变色、麻点状或叶尖处微黑，可能有叶斑病发生。

4. 治理

先摘去初出现的疑似病叶。喷1%波尔多液保护，若3月大量出现叶斑病，可参看山茶灰斑病的治理。

2-143 | 2-144

野山茶叶斑病症状

掌状盾壳霉 Coniothyrium palmarum

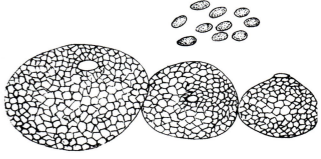

十八、山茶枝枯病和叶斑病（图2-145～图2-148）

1. 病原

半知菌亚门腔孢纲黑盘孢目刺盘孢属的胶孢炭疽病 Colletotrichum gloeosporioides Penz 和球壳孢目小穴壳属的多主小穴壳菌 Dothiorella ribis Gross et Duggar 两种真菌混合侵染所致。

2. 症状

该病主要危害叶片，也可危害枝干。叶斑半圆形至不定形，褐色至灰褐色，斑面上有细纹或轮纹（病状），其上有小黑点或小红点；枝干上病斑椭圆形，稍下陷，斑面密生小红点（湿润时）。初萌发嫩枝感染时产生

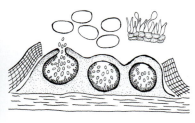

2-145a | 2-145b
2-146 | 2-147 | 2-148

山茶叶斑病症状

茶梅枝枯病和叶斑病症状

山茶枝枯病和叶斑病症状

多主小穴壳菌 *Dothiorella ribis*

青枯（俗称跳枝），枯叶不落，贴在小枝上。多主小穴壳菌初在小枝上产生褐色斑点，逐渐扩大成灰白色斑，并干枯。病斑上部枝条或枝梢枯死。病部后期可见散生的小黑点（病症）。一些病枝两种病原混合侵染。

3. 预防

病菌以菌丝体和分生孢子盘在病枝和病残体及鳞芽缝中存活越冬，分生孢子作为初侵染和再侵染源，借风雨传播，全年侵染，无明显的越冬期。天气温暖多雨或园圃通风透气不良，有利于病害发生。偏施氮肥也易发病。

4. 治理

(1) 选用抗病品种。及时剪去已枯枝条，修剪时要剪在健康处，避免病枝回枯。

(2) 精心养护。加强栽培管理，配合施肥、合理浇水、松土培土、喷药防病及修剪等。

(3) 发病前或发病初期及时喷药预防控制。发病前的预防可选用0.5%～1%石灰等量式波尔多液，或0.5波美度石硫合剂，75%百菌清可湿性粉剂1000～1500倍液，或40%多硫悬浮剂600倍液，或80%炭疽福美可湿性粉剂800倍液，或25%炭特灵可湿性粉剂500倍液，或50%施保功可湿性粉剂1000倍液。7～10天一次，共2～3次。上述杀菌剂每次用1种，交替使用。

十九、怒江山茶穿孔病（图2-149、图2-150）

1. 病原
半知菌亚门腔孢纲球壳孢目（科）叶点霉属 *Phyllosticta* sp.的一个种的真菌引致。孢子小于15μm。

2. 症状
病叶有近圆形的褐色小斑，斑直径2～6mm。叶背病斑加厚，中心灰褐色，极易腐烂穿孔。在未穿孔前的叶面病斑内可见有散生的小黑点。

3. 预防
注意历史病株的预防工作，注意种植密度和蔽阴程度。

4. 治理
参照山茶疮痂病的治理。

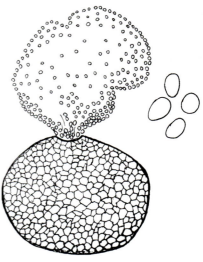

2-149 | 2-150

怒江山茶叶点霉穿孔病早期症状

叶点霉 *Phyllosticta* sp.

二十、山茶软腐病（图2-151、图2-152）

1. 病原
半知菌亚门丝孢纲瘤座孢目的真菌，伞座孢属的茶伞座孢菌 *Agaricodochium camelliae* =油茶黑粘座孢霉 *Myrothecium camelliae* 引致。尚可侵染油茶、油桐、檵木、乌饭、小果蔷薇、台湾榕、拔契、铁芒萁、野准山、悬钩子等。

2. 症状
叶片、芽和果实易受害。病斑呈圆形，叶缘病斑半圆形，阴雨天迅

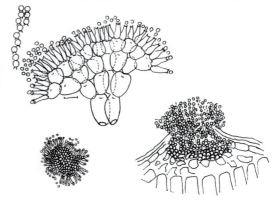

2-151a | 2-151b
       | 2-152

山茶软腐病症状

茶伞座孢菌 *Agaricodochium camelliae*

速扩展为黄褐色不规则大斑，边缘不明显，有时全叶变褐，甚至一株中1/4～1/3叶片（相邻）变褐（似开水烫过一样），叶肉腐烂。约3～5天病叶脱落，掉落地面或挂在树上老病叶的病斑均会出现白色小型蘑菇状物（病症）。不久变灰黑色，直径3～5mm，肉眼可见。

3. 预防

气温达13℃同时相对温度达85%以上时开始发病（历史病株）。气温越高（不超35℃），湿度越大时，病害迅速蔓延。晴天病害停滞。通风透光不良、林内湿度大时，易造成病害流行。苗圃病重，叶片早落，小苗易死。

4. 治理

(1) 及时修剪密度过大的山茶圃，盆苗应迅速移稀。间插移入一些非寄主植物的盆苗。

(2) 加强苗木抚育管理，圃地应向阳，排水良好。

(3) 发病时及时清除病叶，减少侵染源。

(4) 病初喷1%波尔多液保护。对历史病株要重点喷杀菌剂，如50%托布津可湿性粉剂500倍液，或50%速可灵（扑海因）＋58%瑞毒霉锰锌600～800倍液，或其他抗菌素类药剂交替使用。连喷2～3次，每隔7～10天1次。

二十一、山茶梢枯及灰斑病（图2-153～图2-155）

1. 病原

腔孢纲球壳孢目（科）大茎点属的茶生大茎点霉 *Macrophoma theicola* Petch 和山茶茎点霉 *Phoma cameliae* Cooke，（参看图2-229）孢子卵形无色的真菌引致，（7～11）μm×（4.0～4.5）μm。后者也危害野山茶。

2. 症状

枝尚绿，有时表皮带木栓层，其内部仍绿（即小枝是活枝），上部花蕾可正常开放。这种小枝的向阳处变灰白色，其上有许多小黑点（分生孢子器），待花谢后不久，小枝逐渐枯萎。

3. 预防

不与茶属的其他种种在一起，野山茶需要一定的荫蔽小环境，气温和光照要适当，原产地冬无寒冷，夏无酷热，土壤肥沃，云雾笼罩。植物种类繁多，混交杂居，日照较少。气温不高也不低（约10～19℃），地被物较多，不缺水。

4. 治理

尽量与小乔木或乔木混交，使之有遮荫树种，又可得到一定的散射阳光，注意种在保水又有利排水的沙壤微酸性土壤中；加强养护。有病叶及时摘除，减少初侵染源。需要化学防治时，药物防治参考山茶疮痂病。

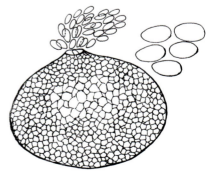

2-153 | 2-154
      | 2-155

野山茶灰斑病症状

野山茶梢枯病症状

茶生大茎点霉 *Macrophoma theicola*

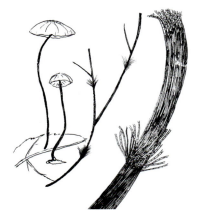
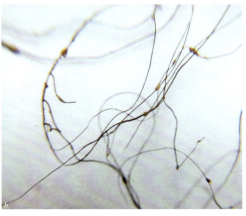

2-156	2-157
2-158a	2-158b

美丽小皮伞 Marasmius pulcher 在落叶上

美丽小皮伞菌索缠绕竹子

美丽小皮伞菌索

二十二、山茶线疫病 (图2-156~图2-158)

1. 病原

担子菌亚门层菌纲伞菌目腊伞科小皮伞属的美丽小皮伞 Marasmius pulcher (Berk. et Br.) Petch 的菌丝索引致。

2. 症状

病株的枝叶上缠绕有许多棕黑色的似头发类丝状物，使植株生长不良，叶片不能自然展开。图2-157为美丽小皮伞菌索缠绕在竹叶和竹枝上，使之生长不良。

3. 预防

注意在湿润气候带种山茶时，株行距要适当稀些。

4. 治理

经常清理山茶园内的腐枝、叶，烧毁或深埋。也可在预防山茶病害时，对地面的病残体或落叶撒硫磺粉，但不要撒石灰，因碱性土壤会使山茶生长不良，甚至黄化。

二十三、山茶小圆斑病 (图2-159～图2-160)

1. 病原

半知菌亚门丝孢纲丛梗孢目暗色孢科尾孢属的茶尾孢 *Cercospora theae* (Cav.) Breda(参见图2-314)的真菌引致。病原菌以菌丝体和分生孢子梗在病株上或在遗落土中的病残体上越冬。南方越冬期不明显。病菌分生孢子借风雨传播,在温湿度适宜时,全年可以侵染危害。雨水丰足的年份和季节发病重。棚室通风不良,或植株缺水缺肥,生长势差,或偏施氮肥,都容易染病。

2. 症状

病叶正面病斑近圆形,稍隆起,褐色,中央有明显的侵染点(深色),斑外围有一圈黄色的晕圈,病斑直径4～8mm不等。

3. 预防

加强养护,及时清除病落叶,适当改善棚室的通透性。病重的历史病株先发病时,注意保护其他植株。

4. 治理

初病时注意喷药保护(在采摘病叶后),常发病园圃应在抽新叶期喷40%多菌灵可湿性粉剂800～1000倍液,或喷75%百菌清+70%托布津(1:1)1000～1500倍液,或30%氧氯化铜悬浮剂+70%代森锌(1:1)800倍液,隔10～12天1次,连喷2～3次,药剂交替使用。名贵品种初见病斑时,可用人用医药达克宁软膏涂抹病斑1～2次。

2-159 | 2-160

山茶小圆斑病症状
茶梅小圆斑病症状

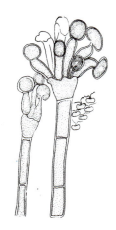

2-161 | 2-162a | 2-163
       | 2-162b |

山茶藻斑病症状

红花油茶藻斑病症状

寄生性红锈藻 *Cephaleuros virescens*

二十四、山茶藻斑病 (图2-161～图2-163)

1. 病原

绿藻门中的寄生性红锈藻 *Cephaleuros virescens* KunAe，异名 *C.parasitius* Karsten 的藻类引致。寄生在多种阔叶树上，常见的有油茶 *Camellia oleosa*、茶 *C.sinensis*、油梨 *Persea americana*、芒果 *Mangifera indica*、阴香 *Cinnamomum burmanni*、荔枝 *Litchi chinensis*、玉兰 *Magnolia denudata*、柑橘 *Citrus nobilis* 等等植物。在炎热、潮湿的环境下，藻斑病常使它们遭受严重损失。

2. 病症

在革质的病叶上，生有铜钱状微凸 (相应的另一面微凹陷) 的大小不等的小圆形硬斑，最大直径约15mm，在柔软的非革质病叶上，圆形斑凸凹和坚硬程度要小得多。病症在表面呈毛毡状 (毛发状游动孢子囊梗，上着生游动孢子囊，囊内有游动孢子)，上面有略呈放射状细纹。病斑呈灰绿褐色、灰白色、黄褐色，老斑呈灰褐色、深褐色。在油梨叶上的藻斑颜色特别，是金黄色。山茶藻斑病随病斑扩展，边缘色淡，中心色深，中央逐渐老化后有时和茶生大茎点 *Macrophoma theicola* Petch 引起的溃疡病 (斑内有小裂缝) 伴同发生。

3. 预防

病原物以营养体在寄生组织上越冬，在湿润气候带，一年可多次侵染发病。小环境空气湿度大时，病斑上产生孢囊梗，孢子囊及游动孢子，由气流传播。从气孔侵入叶片组织，有时嫩枝也会受害。

4. 治理

藻斑病是茶属植物的重要病害，应加强经营管理，合理施肥，清除受害枝、叶，避免过度阴蔽。注意排水，促使林木健壮成长，提高植株的抗病力。

病区每年4月至5月定期喷撒0.6～0.7石灰半量式波尔多液 (硫酸铜:石灰:水＝1:0.5:100现配现用，隔10天一次)，可保护叶片，抑制病菌侵入。

二十五、山茶病毒病 (图2-164)

1. 病原
山茶叶黄斑病毒Camellia yellow mottle Leaf virus(Camellia Leaf Yellow spot Virus)、山茶花叶病毒Camellia mosaic virus。叶和花的斑驳可能是进行嫁接杂色品种*Camellia japonica*到全绿色品种*C. japonica*和*C.sasanqua*上而传播了病毒所致。

2. 症状
病叶变小，微微皱缩，黄绿斑驳色彩鲜艳。叶片变形，无病症。

3. 预防
修去病叶病枝，留下好叶和枝条，做标记，以备日后继续观察原来的病毒小枝是否再萌发出病枝叶来，并观察病情轻重的变化。

4. 治理
发现严重病株及时挖除并销毁，或隔离栽培；初病苗木和病株可在修除病枝叶后，喷叶面营养液加0.1%肥皂液，或7.5%克毒灵800倍液，或5%菌毒清水剂300～400倍液。7～10天1次，连喷2～3次，并观察效果；勿从病圃或病株上采繁殖材料，注意观察传毒昆虫，并先防治虫害。

2-164 山茶病毒病症状

2-165a | 2-165b
2-166

茶科石笔木属丛枝病病状

石笔木正常花和叶与丛枝对比（丛枝树不能开花）

二十六、茶科石笔木属 Tutcheria 丛枝病 (图2-165、图2-166)

1. 病原

待定，可能是植原体。

2. 症状

在第一轮侧枝和第二轮侧枝上丛生许多小枝，小枝节间缩短，叶片变小。似许多幼苗簇生在侧枝上，形成鸟巢状。受害枝在花期无花蕾，没有花朵，只有1～2丛病枝，病丛枝色彩鲜艳，与主干侧枝上的枝叶有明显的颜色差异，病株除丛生枝处外的枝叶均处于成长阶段，只有丛生处一直处于萌动幼嫩阶段。

3. 预防

发病原因尚不明，发病季节为春季，是石笔木的花期，病株在保护植被带中，60%植株发病。

4. 治理

可试将丛枝处砍除，砍口要平整。继续观察治理的效果。

二十七、山茶褪绿网脉病（图2-167、图2-168）

1. 病原

生理因素引致非侵染性病害,主要是土壤中缺铁、硫及锰等微量元素,使之营养不良。在我国北方偏碱性土壤中缺铁症较为普遍。

2. 症状

无病症。其病状是病叶呈现网斑状黄化,叶肉褪绿,叶脉仍保持绿色,形似网状。植株生长受抑制,枯瘦营养不良状。

3. 预防

山茶属于半阴性植物,性喜温暖湿润肥沃疏松微酸性（pH5.0～6.5）无盐碱的立地环境。种在碱性或含钙质较多的土壤上易发黄,生长不良,寿命缩短。土壤中若含盐量大约1800ppm时,对山茶而言是致死浓度。

4. 治理

注意选地和配制微酸性盆土,还应加施有机肥和复合肥；对已呈现网脉状黄化植株,可淋施,或施用化学纯硫酸亚铁+乙二胺四乙酸二钠（1.4∶1）5000倍液,或喷施柠檬酸铁铵1000～1500倍液,7～10天一次,连施2～3次,也可用铁锈器泡水30～40天后淋施病株根部,促进生长,提高抗性。注意硫酸亚铁不宜过多施用,因硫、铁元素过多会引起茶花中毒,生长不良。

2-167 / 2-168

山茶褪绿网脉病病状
山茶缺素症病状

2-169 山茶日灼病症状

二十八、山茶日灼病 (图2-169)

1. 病原
强光过分照射。

2. 症状
叶面出现边缘模糊，淡褐色斑块。这种日光灼伤的叶片主要发生在树体上部暴露的部位，尤其是植株刚从阴凉处移到阳光充足的地方；或叶片生长过程中，某些叶片从被遮盖处移向透光较好或向阳处，便易产生日灼病状，无病症。

3. 预防
多日阴天，一旦阳光明媚时，苗圃中的山茶苗必须立刻拉上遮荫网，因苗期叶片数量对植株的存活与生长快慢起到决定性的作用。山茶大树日灼病虽有影响，但大树少十余片叶影响不大。庭院中种植山茶树时应选择半荫蔽环境，尽量满足山茶对生长条件的要求。

4. 治理
见到日灼病应及时清除被灼伤的小枝和叶片，避免弱寄生病原菌有了滋生的场所，增加一些叶斑病的初侵染来源。

第四节　杜鹃花病害

一、杜鹃黑痣病 (图2-170、图2-171)

1. 病原
杜鹃叶痣菌 *Melasmia rhododendri* P.Henn.et Shirai 有性世代：杜鹃斑痣盘菌 *Rhytisma rhododendri* Fr. 引致杜鹃黑痣病。

2. 症状
初期在叶表面产生黄白色小斑点，后逐渐扩大，成黑色圆形的病斑，病部渐隆起，表面粗糙，有光泽，呈黑痣状。

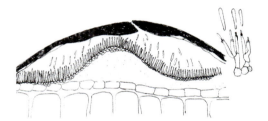

3. 预防
病菌主要在病叶中越冬，可摘除病叶并集中烧毁。

4. 治理
目前该病不严重，不用药剂防治。

2-170 杜鹃叶痣菌 *Melasmia rhododendri*

2-171 杜鹃黑痣病症状

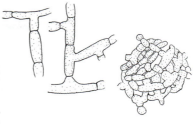

2-172 | 2-173

杜鹃立枯病症状
立枯丝核菌 *Rhizoctonia solani*

二、杜鹃立枯病（图2-172、图2-173）

1. 病原
立枯丝核菌*Rhizoctonia solani* Kühn的真菌引起。

2. 症状
病害多发生在苗床或插条圃内。病菌从根和茎基部侵入。受侵部位变成褐色，渐变为暗褐色。茎基部受害严重时，韧皮部破坏，在烂皮上见到小菌核，生于菌丝中，菌核结构疏松，彼此有菌丝相连。木质部裸露，根部变成黑褐色，腐烂。此时，病苗叶黄、萎蔫、整株枯死，但不倒伏。

病菌以菌丝或菌核在残留的病株上或土壤中越冬。病菌还可侵染松树、刺槐、合欢等，造成立枯病。

3. 预防
苗床灌足底水，播种后控制灌水，晴天通风和遮荫；发现病株要及时拔除、烧毁。

4. 治理
苗床被污染后，床土要更新或消毒后育苗；床土可用40%的甲醛1份加水40份浇灌。当播种后，可用50%克菌丹800倍液灌注消毒。

三、杜鹃锈病 (图2-174、图2-175)

1. 病原
杜鹃金锈菌 *Chrysomyxa rhododendri*（DC）de Bary 和疏展金锈菌 *Ch.expansa* Diet. 两种锈菌引致。

2. 症状
发生在叶片上。叶片出现黄色或褐色病斑，叶背病斑上产生长圆形或圆形、较小、橙色的夏孢子堆，后期产生褐色密集的冬孢子堆。转主寄主为云杉。

3. 预防
多发生于较遮荫的林下，冬季收集病叶集中烧毁，可预防该病。

4. 治理
必要时可在春末产冬孢子堆时喷洒粉锈宁等杀菌剂。

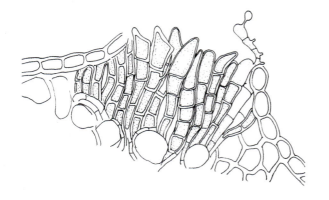

2-174a | 2-174b
2-175

杜鹃锈病症状

杜鹃金锈菌 *Chrysomyxa rhododendri*

四、杜鹃饼病（图2-176～图2-181）

1. 病原

日本外担菌 *Exobasidium japonicum* Shirai 半球状外担菌 *E. hemisphaericum* Shirai 和杜鹃外担菌 *E. rhododendri* Cram.。

2. 症状

受病菌侵染的叶片呈淡绿色或略带白色。全部或部分叶片变厚成肉质。有时，在枝梢顶部产生肉质的叶丛或病瘿。晚期，病瘿干缩成夹状。花受侵染也变厚，尤其是常绿品种的花瓣变得相当厚，以致整个变硬、肉质、蜡质，产生病瘿。瘿瘤被覆白色茸毛层和白色细粉层（病症）。

在自然界，有些肉质的瘤被称作"杜鹃苹果"，还有人食用。有时产生漂亮的玫瑰色小瘤，称作"玫瑰苹果"。杜鹃的病瘿是由大量的变态叶组织构成的（病状）。温室和庭院杜鹃都可发病。

3. 预防

生长期，用手摘除小菌瘿，集中烧毁。名贵品种种植密度降低，减轻周围的相对湿度，可减轻病情。

4. 治理

植株展叶时，喷布70%福美铁1000倍液、65%代森锌500倍液防治。有人喜欢观赏，不进行防治。

2-176	2-178a	2-179
2-177	2-178b	2-180

高山杜鹃饼病症状
毛叶杜鹃饼病症状
西洋杜鹃饼病症状
比利时杜鹃饼病症状
大白花杜鹃饼病症状
（张颖摄）

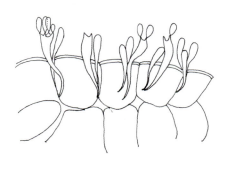

2-181 外担子菌 *Exobasidium* sp.

五、杜鹃叶枯病 (图2-182～图2-184)

1. 病原
杜鹃盘多毛孢 *Pestalotia rhododendri* Guba 和缪拉那茎点壳 *Phomatospora miurana* Hino et Kalumoto 两种真菌引致。

2. 症状
盘多毛孢菌一般为次生寄生，如：在杜鹃膨痂锈病后，它引致灰斑病，并导致叶枯，还发生在冻害、日灼和其他伤害的部位。初期，病斑是白色，边缘暗褐色，其上有黑亮的小点粒（病症），后期形成一块枯斑。茎点壳菌在病健稍远处产生针尖大小的斑点（黑色点粒），为病菌子实体（病症）。

3. 预防
杜鹃喜光，但忌烈日曝晒，否则嫩叶易于灼伤。杜鹃应种在夏季不易发生日灼，冬季又不易发生冻害的地方。这样，叶枯病菌就很难侵染危害。

4. 治理
必要时，植株可定期喷布波尔多液等铜素杀菌剂，防止病菌侵染。

杜鹃叶枯病症状

杜鹃盘多毛孢 *Pestalotiopisis rhododendri*（*Pestalotia rhododendri*）

缪拉那茎点壳 *Phomatospora miurana*

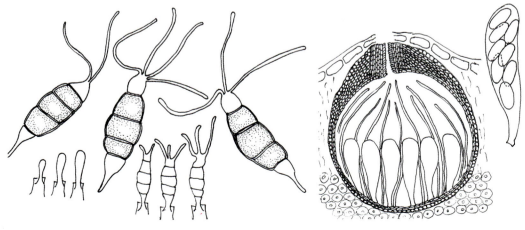

2-185 杜鹃褐斑病症状

六、杜鹃褐斑病（图2-185～图2-186）

1. 病原

杜鹃尾孢 *Cercospora rhodidendri* Ferraris.和聚多拟盘多毛孢 *Pestalotiopsis sydowiana*（Bres.）P.L.Zhu（图2-183）两种引致。

2. 症状

发病初期从叶片边缘产生病斑，病健交界处不明显，病斑扩大后变成褐色枯斑，叶表面有小黑点（即病症）。受病病叶片提早脱落，甚至整株枯死。

3. 预防

杜鹃栽植时，保持通风透光，高温时适当遮阴，设置防风屏障，防治昆虫危害等，均有利于防病。

4. 治理

花后喷布50％苯来特1000倍液、70％福美铁1000倍液、65％代森锌500倍液等，每隔10～14天一次，共喷2～3次。

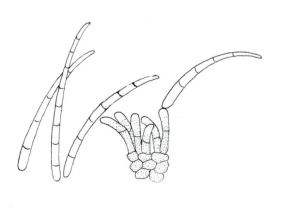

2-186 杜鹃尾孢 *Cercospora rhodidendri*

七、杜鹃芽枯萎病 (图2-187～图2-188)

1. 病原

半知菌亚门丝孢纲丛梗孢目（科）芽链束梗孢属杜鹃芽链束梗孢菌 *Pycnostysanus azaleae*（Peck）Mason引致。可侵染大白花杜鹃、高山杜鹃、马缨花等杜鹃属植物。

2. 症状

初病时褪绿变黄，逐渐变褐色，最后变黑褐色。芽枯比芽腐迅速，顶生花芽和叶芽均易受害。昆明8～11月受侵染，靠近病芽的小枝也受感染。颜色黑褐，枯萎的病部表面长出黑色针状（长1～4mm）的孢子梗束。病芽不能开花。

3. 预防

改善引种的立地环境，使之易于排水，减少林内的郁密度，加大空气流通和透光性。

4. 治理

在加强抚育管理的基础上，及时修剪病枝，采摘病芽，集中销毁，并定期喷撒杀菌剂，空气湿度大时可撒硫磺粉，空气湿度小时可喷托布津、多菌灵水剂。重点植区7～8月开始每10天一次，一年3～4次。

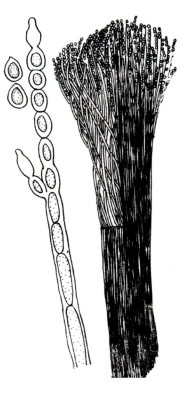

2-187a
2-187b | 2-188

杜鹃芽枯萎症状

束梗孢菌 *Pycnostysanus azaleae*

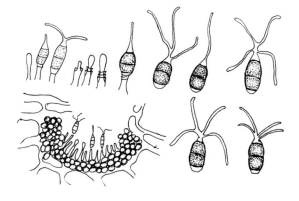

2-189a | 2-189b
2-190

杜鹃叶斑病症状
截盘多毛孢 *Truncatella* sp.

八、杜鹃叶斑病 (图2-189～图2-190)

1. 病原
半知菌亚门腔孢纲球壳孢目黑盘孢科截盘多毛孢属一个种 *Truncatella* sp.的真菌引致。

2. 症状
发病初期从叶缘上产生褐色小点，扩大呈近圆形或不规则形，病斑中部灰白色，上生小黑点（病症），最后，整个叶片发黄，提早脱落。

3. 预防
清理病落叶，减少侵染来源，杜鹃栽植时，用覆盖物覆盖地面，保持绿地通风透光，高温时适当设置防风屏障，防治昆虫危害等，均有利于防病。

4. 治理
花后喷布50%苯来特1000倍液、70%福美铁1000倍液、65%代森锌500倍液等，每隔10～14天一次，共喷2～3次。药液内附加展布剂，如肥皂水等。

九、杜鹃花腐病（图2-191、图2-192）

1. 病原
丛梗孢 *Monilia* sp. 有性态 *Monilinia* sp. 的真菌引致。

2. 症状
盛花期受害，在表面产生浅褐色小斑，染病部呈软腐状。高湿条件下，病斑扩展更快，后期病斑中心逐渐形成灰白色绒状霉层，即病菌的分生孢子堆（病症）。此期间的嫩叶和嫩枝也受害。

3. 预防
搞好园圃管理，清除病花落叶，减少侵染来源。搞好园圃排灌措施，做到能浇能排。

4. 治理
开花前喷洒1:1:160～200波尔多液保护花蕾，若病情严重，还要再喷1次50%甲基托布津800倍液，或50%苯来特1000倍液。

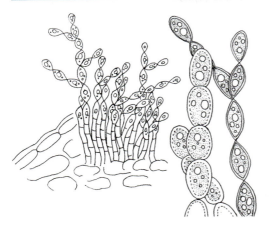

2-191a	2-191b
2-192	

杜鹃花腐病症状

丛梗孢 *Monilia* spp.

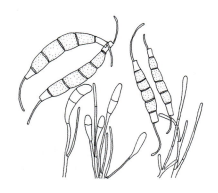

2-193	2-194a
2-194b	2-195

杜鹃枝枯病症状

杜鹃叶枯蕊枯病症状

马丽盘双端毛孢
Seimatosporium mariae

十、杜鹃枝叶枯病 (图2-193~图2-195)

1. 病原

马丽盘双端毛孢 *Seimatosporium mariae* (Clinton) Shoemaker 引致。可侵染杜鹃多个种。

2. 症状

叶面和小枝出现浅褐色至暗褐色小斑，叶背色淡。病斑扩大后其上生有许多小黑点，病斑围绕叶脉呈多角形，圆形或不规则形（病状）。

3. 预防

收集病叶深埋或烧毁，减少侵染来源。

4. 治理

待植株开始展叶后，喷1~2次波尔多液或喷1次50%甲基托布津800倍液。

十一、杜鹃根腐病（图2-196、图2-197）

1. 病原
小蜜环菌*Armillariella mellea*（Vahl ex Fr.）Karst.伞菌的子实体和菌索（参见图2-345）引致。

2. 症状
病菌侵染后，初期根皮层和表皮湿腐，并带有独特的蘑菇味。根表面有黑色菌索。菌索可深入皮层。在松弛的表皮下面产生白色、扇形菌膜，很快盖满地面，最终全株死亡。长出丛生的伞菌子实体。

3. 预防
加强栽培管理，满足杜鹃生长所需条件，抵抗病菌侵染。

4. 治理
植株发病轻微时，可把根颈部暴露在空气中，有助于控制病害；重病植株不易恢复健康，应拔除并销毁。

2-196 杜鹃根腐病症状
2-197 小密环菌子实体（担子果）

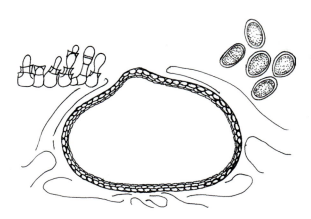

杜鹃枯梢病症状
橄榄色盾壳霉 *Coniothyrium olivaceum*

十二、杜鹃枯梢病（图2-198、图2-199）

1. 病原

半知菌亚门腔孢纲球壳孢目（科）盾壳霉属的橄榄色盾壳霉 *Coniothyrium olivaceum* Bon. 的真菌引致。

2. 症状

病菌孢子侵染嫩枝条，病斑逐渐扩大，病梢病斑凹陷逐渐萎缩、干枯，在其上产生许多小黑点（病症），病斑围绕枝干一周，其上枝条即枯死，出现枯梢症状。

3. 预防

收集病枝梢深埋或烧毁，减少侵染来源。

4. 治理

植株开始发芽展枝前，喷1～2次波尔多液或喷1次50%甲基托布津800倍液，保护新发枝不受侵染。

十三、杜鹃褐斑落叶病（图2-200、图2-201）

1. 病原
楤木壳针孢 *Septoria araliae* Ell.et Ev. 和杜鹃壳针孢 *S.rhododendri* Sacc. 两种壳针孢引致。

2. 症状
褐斑的危害严重，常造成大量落叶，使树势衰弱。初期，叶面出现浅褐色至暗褐色小斑点，叶背色淡。病斑扩展为各种褐色至暗褐色大型斑块。病斑多围绕叶脉，呈多角形，轮廓鲜明。有时，病斑呈不规则形或圆形。病斑上散生极小的黑色或灰褐色小粒点（分生孢子器）病症。分生孢子器直径为100μm～150μm；分生孢子无色、杆状、稍弯曲，大小为(11～34) μm×(1.5～3) μm。植株染病后，生长衰弱，第二年花蕾的数量减少，影响观赏。

3. 预防
加强栽培管理，增施有机肥，通风透光，避免湿度过大；收集病叶、落叶，烧毁。

4. 治理
植株展叶后，喷布波尔多液（1:1: 200）1～2次，间隔10天，病情发展后喷杀菌剂：65%代森锌500倍液等，防止病菌进一步侵染。

2-200a | 2-200b
2-200c | 2-201

杜鹃褐斑落叶病症状

杜鹃壳针孢 *S. rhododendri*

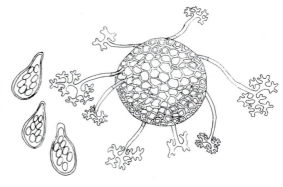

2-202a | 2-202b
2-202c | 2-203

杜鹃白粉病症状

桤叉丝壳 *Microspaera alni*

十四、杜鹃白粉病 (图2-202、图2-203)

1. 病原

子囊菌亚门核菌纲白粉菌目（科）叉丝壳属的桤叉丝壳 *Microsphaera alni*（Wallr.）Salm.及其无性态引致。

2. 症状

白粉病菌侵染叶片，叶表面被覆一层白色粉状物。病菌分生孢子借风传播，不断进行侵染。它们有很独特的性状，能在相当干燥的条件下萌发，有的相对湿度为零的条件下也能萌发。

3. 预防

清除病叶、病芽，集中烧毁。该病能在干旱季节流行，在昆明无有性态闭囊壳产生，故常年见该病发生。早防较好，初病时要连续喷杀菌剂3～4次。

4. 治理

植株用化学药剂防护，如50%苯来特1000倍液，15%粉锈宁800倍液。

十五、杜鹃灰斑病 (图2-204、图2-205)

1. **病原**

半知菌亚门腔孢纲球壳孢目（科）壳蠕孢属的两个种杜鹃壳蠕孢 *Hendersonia rhododendri* Thum.及二色壳蠕孢 *H. bicolor* Pat的真菌引致。

2. **症状**

病叶初生红褐色小点，逐渐扩大呈不规则形，小病斑可相互连接成大病斑，病斑褐色，中心灰褐色，边缘明显。后期病部表面生黑褐色小点，点的大小不均匀（病症）。

3. **预防**

在杜鹃栽植时，用覆盖物覆盖地面；设置防风屏障，防治昆虫危害等。另外减少伤口也有利于防病。

4. **治理**

花后喷布50%苯来特1000倍液、70%福美铁1000倍液、65%代森锌500倍液等，每隔10～14天一次，共喷2～3次。可用0.5～1.5波美度石硫合剂杀菌和杀小昆虫一并完成。

2-204a | 2-204b
2-205

杜鹃灰斑病症状

二色杜鹃壳蠕孢 *Hendersonia bicolor*（左）与杜鹃壳蠕孢 *H. rhododendri*（有无色长柄，右）

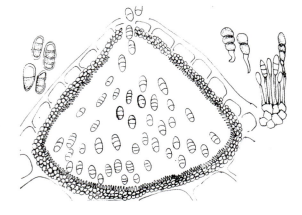

2-206　杜鹃灰霉病症状

十六、杜鹃灰霉病（图2-206）

1. 病原

灰葡萄孢 *Botrytis cinerea* Pers.（参见图2-23紫罗兰灰霉病和图2-55月季灰霉病）。

2. 症状

杜鹃经常受灰霉菌危害。病菌可不断侵入叶片的健康组织，造成局部腐烂。在潮湿情况下，病情加重。冻害也常导致杜鹃灰霉菌。

3. 预防

室内栽培杜鹃，注意通风，不要过于潮湿，以控制病害发生；加强植株管理，防止遭受冻害，减少病害发生。

4. 治理

发病严重时，植株喷施化学药剂保护，如波尔多液（1:1:100）、65%代森锌500倍液等。

十七、杜鹃枝枯病 (图2-207～图2-209)

1. 病原

槭刺杯毛孢 *Dinemasporium acerinum* Peck 和坎斯盘单毛孢 *Monochaetia kansensis* (Ell.et Barth) Sacc. 引致。

2. 症状

病菌主要侵染枝梢，病斑灰色，并在病斑上产生黑色小颗粒（分生孢子器或分生孢子盘），后期枝条枯死。

3. 预防

剪除发病枝梢，尤其在秋季要彻底清除病枯枝，并烧毁。精细管理，注意通风透光，使植株发育健壮，减轻发病。

4. 治理

注意观察植株生长情况，早发现病害，掌握病菌侵染时期，早期施药，防止病菌侵染。用50%退菌特800倍等真菌药剂即可起到防治的效果。

a. 杜鹃枝枯病症状

b, c. 坎斯盘单毛孢 *Monochaetia kansensis*

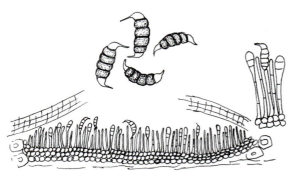
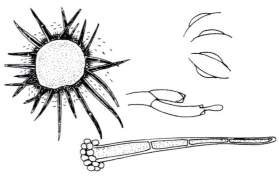

槭刺杯毛孢 *Dinemasporium acerinum*

2-210 杜鹃顶死病症状

十八、杜鹃顶死病 (图2-210、图2-211)

1. 病原

子囊菌亚门腔孢纲格孢腔菌目葡萄座腔菌科（属）的葡萄座腔菌 *Botryosphaeria dothidea*（Moug.ex Fr.）Ces.et de Not.的真菌引致。

2. 症状

病菌侵染杜鹃末梢的芽和叶片，出现叶片卷曲，变为褐色，最后脱落。枝条受侵染后，发生溃疡斑，茎干枯萎、死亡。在枯死枝的顶端溃疡疤上，往往可以见到近成熟或成熟的子实体（病症），是黑色半埋生的小颗粒物，丛生或散生。

3. 预防

剪除所有病枝梢，收集病落叶；植株展叶后，喷布波尔多液等化学药物预防病害；杜鹃与丁香要隔离种植，因两者易受同一病菌侵染。

4. 治理

经常发病的苗圃，可用50%克菌丹800倍液等浇灌土壤。

2-211 葡萄座腔菌
Botryosphaeria dothidea

十九、杜鹃冠腐病及叶疫病 (图2-212～图2-215)

1. 病原

隐地疫霉 *Phytophthora cryptogea* Pethybr.et Laff.和喀什喀什壳孢 *Kaskaskia* sp.。

2. 症状

疫霉病菌引起主根和茎基部变褐腐烂。重病株的茎细长，叶片卷曲，变褐叶疫，最终枯死。枝条被侵染后枯萎和死亡。在部分病枝上有小黑点粒，是喀什喀什孢子实体，现尚不清楚其对枝枯的影响。杜鹃的一些品种 *R.maximum*、*R.catawbiense*，*R.carelinianum* 对冠腐病特别敏感。

3. 预防

仔细检查，及早清除病枝和重病植株，并挖除病株周围的土壤；杜鹃种植在排水良好的土壤，灌水要适当，切勿使土壤过湿。收集病枝叶和病死株销毁。

4. 治理

有条件的地方，实行苗圃轮作或土壤热力灭菌。还可用50%克菌丹800倍液浇灌土壤，植株展叶后，喷1%波尔多液保护，初发病改用其他杀菌剂防治。

| 2-212a | 2-212b | 2-214 |
| 2-213a | 2-213b | 2-215 |

杜鹃冠腐病症状

杜鹃冠腐叶疫病症状

喀什喀什壳孢 *Kaskaskia* sp.

疫霉 *Phytophthora* spp.
第一排（从左到右）乳突明显，长卵形
第二排孢子囊（左边两个），藏卵器、卵孢子和侧生雄器（最后一个）

2-216 杜鹃疫霉死顶及叶疫病症状

二十、移栽杜鹃枯萎病 (图2-216)

1. 病原
樟疫霉 *Phytophthora cinnamomi* Rands (参见图2-134)。

2. 症状
这是一种苗木或苗圃病害，樟疫霉病菌侵染2～3年生的植株。病菌侵入幼根，逐渐向上到达根茎部。植株幼叶变黄、枯萎。病菌喜冷凉气候和酸性不足的土壤。在适宜杜鹃生长的酸性土壤中，病害很少发生。水分过多，根系死亡，便于病菌侵入危害。这种病害更易于发生在新移植的杜鹃上，因为移栽中根系往往受到损伤。

3. 预防
施用硫酸铝或硫磺，增加土壤酸度，改变发病条件。

4. 治理
污染的土壤要更换新土或消毒。70%五氯硝基苯粉剂每亩1～2.5kg，加拌40～50kg细土撒施，或用40%甲醛1份加水40份喷施。

二十一、杜鹃叶枝炭疽病（图2-217）

1. 病原
盘长孢状刺盘孢 *Colletotrichum gloeosporioides* Penz.（参见2-114胶孢炭疽菌）。

2. 症状
主要为害叶片、嫩梢。老叶从叶缘更易受害。初期病斑为淡褐色小点状，渐扩大变成褐色大斑，最后形成灰白色枯斑，在病健处有一紫褐色微突起的环纹。靠近环纹有轮生或散生黑色小点，潮湿时小点上有淡粉色黏液（分生孢子堆）。

3. 预防
该病菌有潜伏侵染特性，易从伤口或日灼斑侵入。当高温多湿气候时，衰弱株、通风不良林地易发生炭疽病流行，大量落叶、落蕾和产生枯枝条。

4. 治理
及时清除病叶、病梢，并销毁；防止日灼伤；注意不可栽植太密，杜鹃适生于稀疏光照和荫蔽处，砂壤土要肥沃，排水要良好，pH5.0～6.5；病区需要7～10天喷杀菌剂一次，小枝或干有溃疡斑时，要刮治病部，并涂杀菌剂。

2-217 杜鹃叶枝炭疽病症状

2-218　杜鹃白绢病症状

二十二、杜鹃白绢病 (烂根，图2-218)

1. 病原
齐整小菌核 *Sclerotium rolfsii*（参见图2-369）。

2. 症状
主要危害茎基部，植株基部先受害，而后沿茎干向上下蔓延，病部皮层组织坏死，形成白色菌膜状物，并可蔓延至土壤表层。白色菌丝层上逐渐形成许多小颗粒，初为白色，后呈黄色，最后变成褐色油菜籽大小的菌核。

3. 预防
改善栽培条件，培育健康植株，注意排水；发现病株及时拔除烧毁。

4. 治理
轻度病株用自来水冲洗，再用生石灰100倍液消毒处理，然后栽植到清洁土或消毒土中；白绢病发生前，6月上旬喷洒波尔多液（1:1:100），寒露至霜降期间喷1次70%甲基托布津1000倍液，效果显著。

二十三、杜鹃斑点病 (图2-219、图2-220)

1. 病原
杜鹃棒盘孢 *Coryneum rhododendri* Mass.。

2. 症状
叶缘或叶尖呈现椭圆形或圆形病斑，边缘色深，中间稍浅，并有褐色小点，即病菌的分生孢子盘。

3. 预防
在杜鹃栽植时，用覆盖物覆盖地面；设置防风屏障，防治昆虫危害等，均有利于防病。

4. 治理
花后喷布50%苯来特1000倍液，70%福美铁1000倍液、65%代森锌500倍液等，每隔10～14天一次，共喷2～3次。

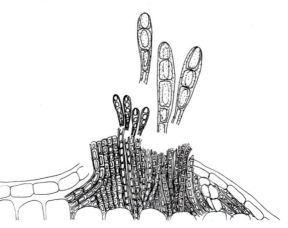

2-219 杜鹃斑点病症状

2-220 杜鹃棒盘孢 *Coryneum rhododendri*

2-221 杜鹃破腹病症状
2-222 小球腔菌 *Leptosphaeria* sp.

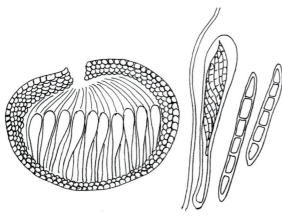

二十四、杜鹃破腹病（图2-221、图2-222）

1. 病原
小麦小球腔菌*Leptosphaeria tritici*的真菌引致。

2. 症状
感病部位为主枝及侧枝处，受害枝干皮层坏死，症状表现为溃疡和枝枯两种类型。发病初期，病斑部位的皮层呈褐色，病皮易剥离。病部失水皱缩，病斑变黑褐色下陷，有时发生龟裂，并于其上产生密集的黑色小粒点，即病菌的子实体。

3. 预防
冬季结合园圃修剪，将病枯枝清理烧毁；避免造成伤口和日灼。

4. 治理
对修剪及刮治的伤口用波尔多液或5～10度石硫合剂消毒。

二十五、杜鹃花科喇叭茶属 *Ledum* 烂皮病 (图2-223、图2-224)

1. 病原
壳囊孢 *Cytospora* sp.。

2. 症状
感病部位为主干、主枝及侧枝处，受害枝干皮层坏死，症状表现为溃疡和枝枯两种类型。发病初期，病斑部位的皮层呈红褐色，略隆起，呈水渍状肿胀，组织松软，用手指压之即下陷，病斑椭圆形。病部常有黄褐色汁液流出，病皮极易剥离。病部失水皱缩，病斑变黑褐色下陷，有时发生龟裂，并于其上产生密集的黑色小粒点，即病菌的分生孢子器。

3. 预防
冬季结合园圃修剪，将病枯枝清理烧毁。

4. 治理
对修剪及刮治的伤口用波尔多液或5～10度石硫合剂消毒。

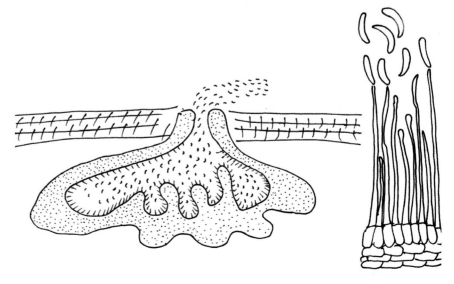

2-223a | 2-223b
2-224

喇叭杜鹃烂皮病症状
壳囊孢 *Cytospora* sp.

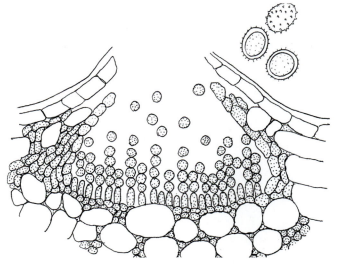

2-225a | 2-225b
2-226

杜鹃春孢锈病症状
杜鹃春孢锈菌 *Aecidium* sp.

二十六、杜鹃春孢锈病 (图2-225、图2-226)

1. 病原
华杜鹃春孢锈菌 *Aecidium sino-rhododendri* Wilson 和杜鹃春孢锈菌 *A.rhododendri* Barcl. 引致杜鹃属锈病

2. 症状
叶面上几乎无病斑，叶背生有病斑且排列不规则；单生或聚生的；黄色粉堆，其下部有小杯状物，短圆柱状，直径0.5mm；后期开口，锈孢子器边缘齿状碎裂反卷。散出大量锈孢子——黄粉状物。锈孢子椭圆形，外壁具密布小疣。

3. 预防
寄主：裂鳞杜鹃，栎叶杜鹃、光秃杜鹃、粉红芽杜鹃等杜鹃属植物。分布：藏东西怒江河谷，海拔约3300m一带，云南同一类环境也有该病发生。该病未发现转主，4～5月发病，6月份全株几乎所有叶片都发病，提前落叶，又发新叶，消耗去病树的营养使之早衰。

4. 治理
对名贵的植株在2～3月喷施杀菌剂，减轻病情。

二十七、杜鹃叶褐枯病（图2-227～图2-229）

1. 病原
楸子茎点霉 *Phoma pomarum* Thüm 的真菌引致。

2. 症状
褐色病斑从叶尖开始，呈焦枯状，其上生有小黑点，病健交界处明显。

3. 预防
在杜鹃栽植时，用覆盖物覆盖地面；设置防风屏障，有利于防病；清除病叶，减少侵染来源。

4. 治理
发病初期可喷洒50%苯来特1000倍液，70%福美铁1000倍液、65%代森锌500倍液等，每隔7天一次，共喷2～3次。药液内附加展着剂。

2-227a	2-227b
2-228	2-229

高山杜鹃叶褐枯病症状
碎米杜鹃杜鹃叶褐枯病症状
楸子茎点霉 *Phoma pomarum*

二十八、杜鹃叶圆斑病 (图2-230)

1. 病原
小穴壳菌 *Dothiorella* sp.（参见图2-148）。

2. 症状
叶部病斑圆形，边缘暗色，中心灰褐色。

3. 预防与治理
参考杜鹃叶褐枯病。

2-230　杜鹃叶圆斑病症状

二十九、生理性枯萎病

1. 病原
生理中毒（近大黑核桃树）处的土壤引致杜鹃生理性枯萎病。

2. 症状
杜鹃种植在靠近较大黑核桃树的地方，植株会突然枯萎、死亡。此病又称黑核桃害。这种严重的损害是由于黑核桃所分泌的毒素引起的，沿着黑核桃的根和茎发生。

3. 预防与防治
杜鹃与黑核桃树不能种植在一个地方，避免其伤害。如果种植在一起而未发生中毒现象者，尽早切断黑核桃树根。

三十、冻害 (图2-231)

1. 病原
生理缺水，土壤水分冻结，叶片缺水，引致杜鹃冻害病。

2. 症状
杜鹃在寒冷的3月里遇到暖和的天气时，叶片易受冻害。叶片受冻后，2~3周才表现症状。叶片变褐色，尤其是叶缘、叶尖部分。冻害是由于土壤水分冻结或不能被利用，叶片缺水引起的。

2-231　杜鹃冻害，生理缺水病状

3. 预防与防治
加强管理措施、保证土壤水分供应。
在发病的栽植区，设法保护叶片少失水。根据气象预报和历史材料，植株上喷布高脂膜（200倍液），抑制水分蒸腾，减少冻害。

三十一、杜鹃花叶褪绿病（图2-232）

1. 病原

生理性缺铁，生长于碱性土壤或靠近水泥墙处，土壤盐含量过多，引致杜鹃盐害症——杜鹃叶褪绿症。

2. 症状

杜鹃生长在碱性土壤或接近水泥墙处，叶片褪绿是普遍现象。在顶端新生叶片，叶肉先变黄，叶脉仍为绿色，日渐全叶都变黄白色。在碱性条件下，铁元素被固定在土壤里，由可溶性二价铁变为不溶性的三价铁。土壤内有铁而植物不能够吸收，表现出缺铁症。

3. 预防与防治

杜鹃不能种植在靠近水泥墙和砖墙的地方，植株附近不要施用石灰；加强管理，搞好排水设施，施用酸性肥料和有机肥；病区用硫酸亚铁或铁的螯合物浇灌土壤或叶面喷布，黄叶逐步减轻。

2-232　杜鹃花叶褪绿病症状

第五节　白兰花属（含笑属）病害

一、白兰花（白缅桂）叶枯病（图2-233、图2-234）

1. 病原

真菌门半知菌亚门腔孢纲球壳孢目（科）叶点霉属的白兰花生叶点霉 *Phyllosticta michelicola* Vasant Rac.和木兰叶点霉 *P. magnoliae* Sacc.孢子均小于15μm的真菌引致。在广州全年发病，昆明和重庆4～10月此病也普通。分生孢子器暗褐色，孔口不明显。

2. 症状

叶部有明显的枯斑边缘深褐色，其中心灰白色。病健处分明，边缘分两层，灰白色和暗褐色，内生许多小黑点。保湿处理后，小黑点病症集聚成排，肉眼可见的短杆形微隆起的症状。症状可直可微弯曲，小黑点均在其中。

3. 预防

在高温高湿的季节中。要注意土壤不能积水过多，株行距不能过密。保持通风透光，不要相互遮阴。

4. 治理

及时修剪病虫枝叶，发病期间，要喷杀菌剂控制病情，早预防，少费工费钱。可喷施65%广灭菌乳粉500倍液，或0.5～1波美度石硫合剂，或10%多菌铜乳粉350倍液。7～10天1次，连施2～3次。

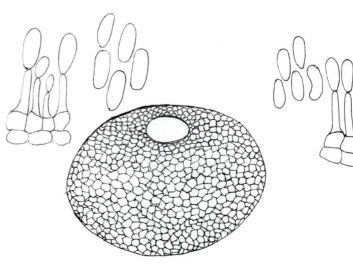

2-233a / 2-233b ｜ 2-234

白兰花叶枯病症状

木兰叶点霉 *Phyllosticta. magnoliae*（左）与白兰花生叶点霉 *P. michelicola*（右）

二、白兰花炭疽病（图2-235～图2-237）

1. 病原

半知菌亚门、腔孢纲、黑盘孢目、刺盘孢属、胶胞炭疽菌（木兰刺盘孢）*Colletotrichum gloeosporioides* Penz.= *C.magnoliae* Camara，（参见图2-114胶胞炭疽菌）其有性阶段是子囊菌亚门、核菌纲、球壳菌目、疔座霉科、小丛壳属、围小丛壳*Glomerella cingulata* (Stonem.) Spauld et Schrenk的真菌引致。分生孢子盘埋生于表皮内，后期外露，有刚毛，分生孢子椭圆形，无色，单胞（8～18）μm×（3～6）μm。尚可侵染白兰花属其他种植物，寄主广泛。在南亚含笑叶斑上可切到其有性态子囊壳和子囊孢子。

2. 症状

主要为害叶片，发病初期叶面上有褪绿小斑出现，并逐渐扩大形成圆形或不规则形病斑，其上有小黑点（病症），空气潮湿时，黑点变为粉红色点状物。如病斑发生在叶缘处，则使叶片扭曲。

3. 预防

植株间距不可过密。以利于通风透光；及时剪除病枝叶和过密的枝叶，集中销毁，减少侵染源。

4. 治理

发病后喷75%百菌清可湿性粉剂800倍液，或70%炭疽福美500倍液，或65%代森锌可湿性粉剂800倍液，药物替换使用。10～15天1次，连续2～4次。

2-235 白兰花炭疽病症状

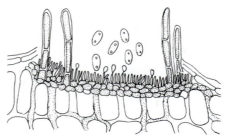

2-236 云南含笑炭疽病症状

2-237 木兰炭疽菌 *Colletotrichum magnoliae*

三、白兰花灰斑病（图2-238）

1. 病原

半知菌亚门、腔孢纲、球壳孢目（科）、叶点霉属、小孢木兰叶点霉 *Phyllosticta yuokwa* Saw. 的真菌引致（参见图2-234）。可侵染含笑属和木兰属多个种。分生孢子初埋生，后微露，球形至扁球形，直径100～250μm，深褐色，有孔口，分生孢子单胞，无色或略带淡橄榄色，椭圆形至长圆形，(4.4～7.5) μm × (2.4～3.4) μm。

2. 症状

病菌主要侵害叶尖和叶缘，发病初期叶片上出现针头大小的小斑点，病斑向叶片基部或中脉方向迅速蔓延，形成深褐色不规则的大灰斑。后期病斑上散生小黑点病症，即为病原的分生孢子器。

3. 预防

加强栽培管理，合理施用肥、水，注意通风透光，使植株生长健壮；经常清除病落叶和修除植株上的病虫弱枝，集中销毁，以减少侵染源。

4. 治理

发病初期喷施0.5%～1%波尔多液，或50%多菌灵可湿性粉剂500～600倍液，或50%喷施宝胶悬剂，或50%施保功可湿粉800～1000倍液。

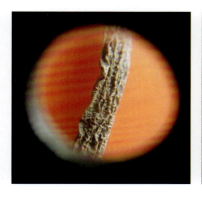

2-238 白兰花灰斑病症状

四、含笑褐斑病和穿孔病（图2-239～图2-241）

1. 病原

半知菌亚门、腔孢纲、球壳孢目、叶点霉属、木兰叶点霉 *Phyllosticta magnoliae* Sacc. 的真菌引致（参见图2-234）。分生孢子器埋生，直径81～181μm。广圆形，黄褐色，具较大的孔口，分生孢子卵圆形至长圆形，单胞，无色，(9.8～14.9) μm × (6.8～8.1) μm。

2. 症状

叶面病斑近圆形至不规则形，灰褐色至灰白色，数个病斑常融合为大斑块。斑面散生针尖大的黑粒病症，病斑易破裂，部分小圆斑脱落成穿孔。

3. 预防

注意庭院卫生，收集病残叶烧毁，彻底清园。

4. 治理

清园后喷药保护可用0.5～1波美度石硫合剂，或65%广灭菌乳粉500倍液，或10%多菌铜乳粉300～400倍液；生长期的喷药控病可喷施75%百菌清+70%托布津可湿性粉剂（1:1）1000～1500倍液，或30%氧氯化铜悬浮剂+70%代森锰锌可湿性粉剂（1:1）800倍液，10～15天1次，连续2～3次。

| 2-239 | 2-241 |
| 2-240 | |

含笑穿孔病症状
南亚含笑褐斑病症状
香籽含笑褐斑病症状

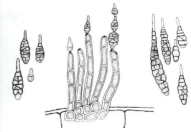

白兰花黑斑病症状

细链格孢 *Alternaria tenuis*（左）与芸苔链格孢 *Alternaria brassicae*（右）

五、白兰花黑斑病（图2-242、图2-243）

1. 病原

半知菌亚门、丝孢纲、丛梗孢目、链格孢属的细链格孢 *Alternaria tenuis* Nees和芸苔链格孢 *Alternaria brassicae*（Berk.）Sacc.的两种真菌引致。它们侵染含笑属植物。细链格孢的分生孢子梗束生，分枝或不分枝，淡橄榄色至绿褐色，(5～125) μm×(3～6) μm。分生孢子有喙；孢子椭圆形、卵形、倒棍棒形至圆筒形，有横膈膜1～9个和纵隔膜0～6个，淡橄榄色。芸苔链格孢的孢子梗长：170μm×(6～11) μm，孢子有6～19横隔和0～7个纵隔，喙长为分生孢子的1/3～1/2。

2. 症状

病初在叶面或叶缘有小斑，后逐渐扩展为圆形或不规则形的大斑。病斑边缘黑褐色（宽2～3mm），中间灰白，斑上密生许多黑褐色毛状物形成污斑的粉堆，即分生孢子梗和分生孢子。

3. 预防

加强栽培管理，适当施用腐熟饼肥等有机肥料，增强树势，提高抗病力；清除病落叶修剪病虫枝，集中销毁。

4. 治理

在发病初期，喷1:1:160波尔多液，或波美度0.3～0.5的石硫合剂，或75%百菌清可湿性粉剂600～800倍液，或50%退菌特可湿性粉剂600～800倍液，10～15天喷1次，连续喷2～3次。

六、含笑煤污病（图2-244～图2-246）

1. 病原

子囊菌亚门核菌纲小煤炱目小煤炱科小煤炱属两毛小煤炱 *Meliola amphitrichia* Fr.和子囊菌亚门腔菌纲座囊菌目煤炱科煤炱属的一个种 *Capnodium* sp.引致云南含笑、含笑、白缅桂花和南亚含笑的煤污病。

2. 症状

介壳虫和蚜虫危害严重的含笑属植物，多在叶面形成一层锅烟状霉层，可用指甲揭下一些碎片，叶背和小枝上也有煤污状物。严重时受害部位全呈黑色霉层。

3. 预防

及时杀虫，减轻介壳虫和蚜虫等昆虫危害。

4. 治理

可于春夏之交，用波美度1～2度石硫合剂喷杀害虫和病菌，气温10～18℃时用1.5～2.5波美度，气温21～26℃时用0.5～1.5波美度，天阴浓度大些，天晴浓度小些。将药液直接喷在小枝和叶上有病虫处。若煤污菌黑色煤层未形成。烟煤只很少并分散时，要着重防治介壳虫和蚜虫。以白盾蚧为例：含笑考氏白盾蚧，雌虫近梨形，长约2～3mm，白色，壳点褐色突出头端；雄虫蚧壳约1mm。若虫初孵淡黄色，固定取食，并分泌蜡质物覆盖身体。检查寄主发现带虫株及时处理，数量大时宜用药熏蒸，数量少时采取刮除法。蚧虫初孵期喷药毒杀。可喷2.5%功夫乳油2000倍液，或30号机油乳剂80倍液。根施内吸性颗粒剂（15%铁灭克或3%呋喃丹或5%涕灭威），盆径30cm以上埋3～5g/盆，此法有利于保护天敌（对剪除带蚧壳虫的枝叶放置一段时间，让天敌离开后再烧毁）。喷杀各代初孵若虫，以抓好第一代若虫防治为关键。药剂可选40%速扑杀乳油1000倍液，40%氧化乐果油1000倍液等杀虫剂与0.5%（夏季）～3%（冬季）矿物油混喷更好。

2-244 云南含笑煤污病症状

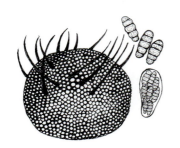
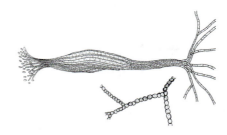

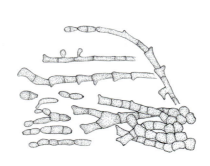

2-245 | 2-246
2-247 | 2-248

小煤炱 *Meliola* sp.
煤炱 *Capnodium* sp.
含笑花腐病症状
褐孢霉 *Fulvia fulva*

七、含笑叶枯和花腐病（图2-247、图2-248）

1. 病原

半知菌亚门丝孢纲丛梗孢目暗色孢科褐孢霉属的褐孢霉*Fulvia fulva* (Cooke) Ciferri=*Cladosporium fulvum* Cooke，主要为害含笑属的叶片，有时也危害花和茎等器官。据资料介绍还侵染番茄、茄子和辣椒等植物，引起灰霉病。

2. 症状

一般成长叶的中、下部叶片先发病，后向上部叶片发病。初期叶面正面边缘出现不太清楚的黄色退绿斑，其叶背在湿度大时出现密集灰白色绒毛状霉层，渐变为紫灰色霉层。病害严重时病斑连成一片，叶片卷曲，干枯早落。花瓣受害过程与叶相似，花朵提前萎蔫，病斑处有灰色绒毛状物。

3. 预防

对苗圃的环境卫生要抓紧，及时清除秋季初期因病提前脱落的叶子，集中烧毁或深埋。在夏季雨水天注意观察这种病害的发生发展，若病害有严重发展的趋势，应加强摘除病叶和修去病虫枝等管理工作。

4. 治理

主要对幼树或幼苗栽种地进行治理。在正常管护的情况下，对历史病株要特别关照，它发病早，树势相对弱。可提前预防，并加强抚育管理。若往年有过严重病情，必须喷保护剂波尔多液（石灰:硫酸铜:水＝1:1:100），现配现喷，不宜过夜。大树一般不喷药，苗木发病可喷杀菌剂2～3次，7天一次。

八、含笑壳针孢灰斑病 (图2-249、图2-250)

1. 病原
半知菌亚门腔孢纲球壳孢目球壳孢科壳针孢属的一个种 *Septoria* sp. 引致叶片灰斑病。

2. 症状
叶片上的病斑近圆形或不规则形,病健处不明显。病斑呈灰褐色,中央灰白色,散生一些小黑点即分生孢子器(病症)。一般侵染成长叶。

3. 预防
对种植区的环境卫生要抓紧,及时清除因病提前脱落的叶子,集中烧毁。雨天后注意观察病害的发生发展,若病害有严重发展的趋势,应加强摘除病叶和修去病虫枝等管护工作,苗圃不要设在幼树和大树下,避免病原就近传播。

4. 治理
主要对幼树或幼苗栽种地进行治理。在正常管护的情况下,历史病株要发病早,树势相对弱。可提前预防,并加强抚育管理。若往年有过严重病情。必须喷保护剂(波尔多液),苗木发病可喷杀菌剂,如:选用10%多菌铜乳粉400倍液,或30%氧氯化铜悬浮剂+70%代森锰锌可湿粉(1:1)800~1000倍液,或65%广灭菌乳粉600倍液,或50%施宝功悬浮剂800~1000倍液,2~3次,7~10天一次。

2-249 | 2-250

壳针孢灰斑症状

壳针孢属 *Septoria* sp.

白兰花顶死病症状

拟茎点霉 *Phomopsis* sp.

九、白兰花顶死病 (图2-251、图2-252)

1. 病原

半知菌亚门腔孢纲球壳孢目球壳孢科拟茎点霉属的一个种 *Phomopsis* sp.的真菌引致。

2. 症状

有多种原因，白兰花较大的枝上产生纵裂的溃疡斑，其木质部变成灰蓝色，被侵染的树皮呈褐色。在溃烂的树皮上有针刺状的小黑点即病征。

3. 预防

初冬开始防冻害，春季防旱害。对幼树要重点保护，对有寒流经过受侵害的树及时修剪保护。

4. 治理

当出现病情，可用40%三唑酮多菌灵可湿粉300倍液，或石硫合剂药渣，或3波美度石硫合剂刷涂腐病枝干，大的枝干要及时修去受害处，修剪时先剪至健康处，以免病斑上的病原向下传播，修去较大的枝或干时要涂封伤口（可用不太烫的沥青、白蜡或用塑料薄膜包扎伤口）。接着要加强抚育管理，增强树势，提高抗病力。

十、白兰花枝枯病 (图2-253、图2-254)

1. 病原

半知菌亚门腔孢纲球壳孢目球壳孢科黑盘孢属的矩圆黑盘孢 *Melanconium oblongum* Berk.引致。据资料介绍尚可侵染核桃、枫杨等树木。

2. 症状

枝条先端受害后向下蔓延直至主干，病枝叶片变黄脱落。病枝皮层初呈灰褐色，后变深灰色，枝条枯死。剥去树皮，可见皮层和木质部变色腐烂，先湿腐，几个月后变干腐。在病枝干树皮上长出许多黑色颗粒（病症），约2～3mm直径。

3. 预防和治理

参照白兰花顶死病。

2-253a | 2-253b
2-254

白兰花枝枯病症状

矩圆黑盘孢 *Melanconium oblongum*

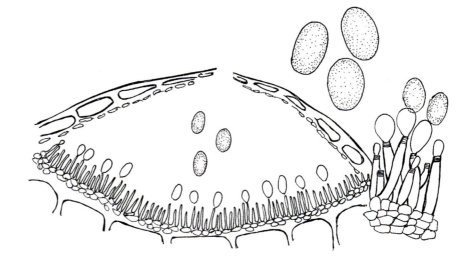

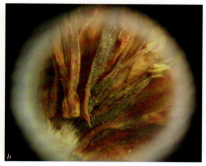

黄兰花花腐病症状

核盘菌 *Sclerotinia* sp.（尚未见子囊盘产生）

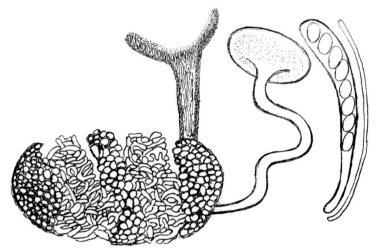

十一、黄兰花花腐病（图2-255、图2-256）

1. 病原

子囊菌亚门盘菌纲柔膜菌目核盘菌科核盘菌属的一种*Sclerotinia* sp.和密集葡萄孢*Botrytis densa* Ditm两种真菌分别侵染或混合侵染而致。黄兰花易感病，云南含笑抗性较强。

2. 症状

受害花蕾呈现湿腐状，褐色，不能正常开花。受害花朵花瓣水渍状，部分渐变湿腐至全朵花。在病部长出黑褐色圆形菌核或菌落的是核盘菌（病症）；在病部长出灰白色绒毛状物的是密集葡萄孢（病症）。在空气干燥时，病蕾病花变为干腐状。

3. 预防

苗圃中的大苗应逐渐移去使植株行距加大，使小气候相对湿度减少。抚育管理幼树时要注意修去着生病蕾病花的小枝，集中销毁。

4. 治理

少量植株发病时，可不作专门的药物防治，但在管理中应注意加强预防工作，及时清除带有病原的残体。

十二、含笑叶疫病

1. 病原

鞭毛菌亚门卵菌纲霜霉目腐霉科疫霉属的一个种 *Phytophthora* sp.（参见图2-215）引致含笑 *Michelia figo* 叶片疫病，其他种现未发现该病。

2. 症状

叶片受害时水渍状湿腐，叶背在空气潮湿时病斑可长出白色绒毛状物（病症），叶正面相应部位有污斑，病叶随即脱落，病小枝叶片几乎脱光。

3. 预防

对苗圃和植株周围的杂草或野生寄主，及时清除。集中烧毁或深埋。在夏季高温高湿的气候中注意观察这种病害的发生发展，若病害有严重发展的趋势，应加强摘除病叶和修去病虫枝等管护工作，要特别注意含笑植株周围的通风透光，减小相对湿度值，有力缓解病情。

4. 治理

主要对幼树或幼苗栽种地进行治理。在正常管护的情况下，对历史病株要特别关照，它发病早，树势相对弱。可提前预防，并加强抚育管理。若往年有过严重病情。必须喷保护剂（波尔多液），现对现喷，不宜过夜。大树一般不喷药，苗木发病可喷杀菌剂如硫磺粉，或50%退菌特可湿粉600～800倍液，或70%托布津1000～1500倍液，或50%苯来特可湿粉1000倍液，2～3次，7～10天一次。

十三、黄兰花、毛果含笑茎点叶枯病（图2-257、图2-258）

1. 病原

半知菌亚门腔孢纲球壳孢目球壳孢科大茎点属和茎点属各一种 *Macrophoma* sp. 和 *Phoma* sp.（见有关属的显微绘图）引致黄兰花和毛果含笑叶枯病，有的病斑是大茎点，有的是茎点，还有的病斑两种菌混生，但各有一个小圈（范围）。

2. 症状

病斑近圆形或不规则形，多从叶尖和叶缘开始形成尖枯形或弧形（半圆形），中心处色淡褐，病健处色深，无明显的边缘。在中心处常散生些小黑点，约0.5mm直径，大些的是大茎点，小的是茎点霉，呈半埋生状小黑点（病征）。病叶潮湿时，可看到有淡红色分生孢子堆，干后呈黑色小点粒。

3. 预防

病菌均以菌丝体和分生孢子器在病健组织上存活越冬。下年春分生孢子器内的分生孢子自孔口涌出，借风雨传播，从伤口及自然孔口侵入致病。管理粗放或虫害较重的园圃发病较多；高温干旱年份或季节发病较重。

4. 治理

（1）发病园圃结合修剪，集中烧毁病枯枝落叶，减少侵染源，对苗圃进行喷药保护（0.5%～1%石灰倍量式波尔多液，或30%氧氯化铜悬浮剂

2-257 黄兰花叶枯病症状

2-258 毛果含笑叶枯病症状

600倍液，或10%多菌铜乳粉400倍液等）。

(2) 合理施肥，适量浇水，增强树势；适时喷施叶面营养剂。

(3) 常发病园圃加强植株生长期病害发生前的喷药预防。可交替喷施30%氧氯化铜悬浮剂＋70%代森锰锌可湿性粉剂（1:1）800倍液，或70%甲基托布津可湿性粉剂1000倍液，或50%多菌灵800～1000倍液，3～4次，约隔10天喷1次。

十四、含笑枝枯和干腐（图2-259～图2-264）

1. 病原

半知菌亚门腔孢纲球壳孢目黑盘孢科双孢霉属一个种 *Didymosporium* sp.的真菌引致含笑属干腐和枝枯，小枯枝上尚有接柄霉 *Zygosporium* sp.。

2. 症状

病植株生长势弱，小枝因大量落叶而发黄变枯，枯枝上表皮有黑色小圆点是双孢霉（病症）；树干烂树皮上有黑色短线条状物及黑色污点，是两种真菌的子实体（病症）。病菌引起溃疡、烂皮，上部茎干叶片变褐，枯萎死亡。

3. 预防

避免过度修剪、管理粗放或虫害较重的园圃发病较多；高温干旱年份或季节也发病较重，故需一定的阴蔽。

4. 治理

（1）发病园圃结合修剪，集中烧毁枯枝落叶，减少侵染源，并喷药进行保护（0.5%～1%石灰倍量式波尔多液，或30%氧氯化铜悬浮剂600倍液，或10%多菌铜乳粉400倍液等）。

（2）合理施肥，适量浇水，增强树；适时喷施叶面营养剂。

（3）常发病园圃加强植株生长期病害发生前地喷药预防。可交替喷施30%氧氯化铜悬浮剂＋75%代森锰锌可湿性粉剂（1:1）800倍液。用50%甲基硫菌灵硫磺剂或石灰加盐加淀粉涂干。

2-259	2-260	2-261
2-262	2-263	2-264

白兰花干腐症状

毛果含笑枝枯症状

含笑枝枯病症状

白缅桂干腐症状

双胞霉 *Didymosporium* sp.

接柄霉 *Zygosporium* sp.

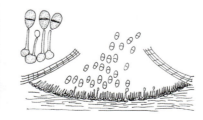

云南含笑褐斑病症状

白缅桂褐斑病症状

匍柄霉 *Stemphylium* sp.

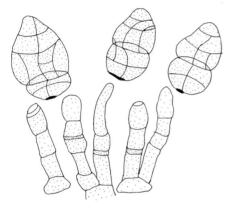

十五、白兰花属褐斑病（图2-265～图2-267）

1. 病原

真菌门半知菌亚门丝孢纲丛梗孢目暗色孢科匍柄霉属的一个种 *Stemphylium* sp.引致云南含笑褐斑病，半知菌亚门腔孢纲黑盘孢目拟盘多毛孢属的一个种 *Pestalotiopsis* sp.见图2-53引致白缅桂褐斑病。

2. 症状

云南含笑病斑从叶尖、叶缘向内扩展形成圆斑或不规则斑；病斑暗红褐色干枯状；后期叶背病斑处表面有黑色点纹，潮湿时呈暗绿色至黑色绒毛状物（病症）。白缅桂病叶病状与云南含笑相似但病症不同，其病症是在枯斑的中心处散布有许多小黑点，空气湿度大时，这些小黑点有光泽。

3. 预防

清除圃地病残体，烧毁，秋冬季节预防可选用1%石灰等量式波尔多液保护，以减少病菌的侵染来源。

4. 治理

在清园的基础上，及时喷布杀菌剂，如：50%退菌特800倍液，或75%百菌清800倍液，或25%炭特灵可湿性粉500倍液等等，交替喷施，7～12天1次，连续3次。

十六、含笑叶斑病（图2-268、图2-269）

1. 病原

半知菌亚门腔孢纲球壳孢目球壳孢科的盾壳霉属一种*Coniothyrium* sp.和壳二孢属一个种*Ascochyta* sp.以及壳蠕孢属的一个种*Hendersonia* sp.（见前面相同属的显微绘图）的三种真菌引致；盾壳霉侵染毛果含笑和黄缅桂使之形成赤褐斑病。壳二孢和壳蠕孢侵染毛果含笑和香籽含笑产生小圆斑病。

2. 症状

赤褐斑病的病斑呈不规则赤褐色。分布叶缘和叶片内；在病斑中心仔细观察可见微小的小黑点，只有针尖大小；小圆斑的病斑小，淡褐色，病斑边缘规整，内有分散的小黑点，特别小的是壳二孢，湿时可见有白色点状物。大一点的小黑点是壳蠕孢（病症）。盾壳霉的病症是三种中最大的小黑点，潮湿时稍有光泽。

3. 预防

清除圃地病残体，烧毁，秋冬季节预防可选用0.5%～1%石灰半量式波尔多液，或1～2波美度的石硫合剂或70%托布津+75%百菌清可湿性粉剂（1:1）1000～1500倍液，以减少第二年病菌的侵染来源。

4. 治理

生长期可喷1:1:200波尔多液保护；发病时喷布杀菌剂，如：50%退菌特800倍液等。

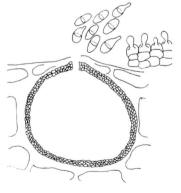

2-268 | 2-269

香籽含笑叶斑病症状

壳二孢属 *Ascochyta* sp.

2-270a | 2-270b
2-271

南亚含笑叶缘枯病症状

得瓦亚比夹属 *Dwayabecja* sp.

十七、南亚含笑叶缘枯 (图2-270、图2-271)

1. 病原
半知菌亚门丝孢纲丛梗孢目暗色孢科的得瓦亚比夹属一个种 *Dwayabecja* sp.引致。

2. 症状
叶片边缘有绿色霉污状病征，病斑边缘与健康处界限不明显。

3. 预防和治理
参照白兰花叶枯和花腐病。

十八、黄兰花疮痂病 (图2-272)

1. 病原

半知菌亚门腔孢纲黑盘菌目（科）痂圆孢属一个种*Sphaceloma* sp.（参见图2-132）的真菌引致。

2. 症状

病害多发生在叶背面，叶肉组织上产生许多不规则近短条纹凸起的紫红色硬斑（近木质化）。在一定程度上影响光合作用，病害严重时引起早落病。

2-272 黄兰花疮痂病症状

3. 预防

往年已发生过该病的植株要早做喷药预防。尤其对未出圃的幼树应喷保护剂1～2次。

4. 治理

苗圃地发生该病时应迅速隔行（或隔2～3行）移去一些苗木。减少潮湿度，加强通风透光度，使叶片加速成长，缩短嫩叶期，避开侵染时期。

十九、白兰花叶腐病 (图2-273～图2-276)

1. 病原

半知菌亚门丝孢纲丛梗孢目（科）的两个属的真菌引致。单端孢属的粉红单端孢*Trichothecium roseum*（Bull.）Link.和葡萄孢属的灰葡萄孢*Botrytis cinerea* Pers. ex Fr.引致。

2. 症状

白兰花树冠怕低温，每当有寒流经过时，遇寒的植株易受到不同程度的寒害。这种情况不只发生在秋末冬初或初春，还常发生在春季、春夏之交或夏秋之交的节令前后2～3天。天气略变冷时，白兰花的成长叶和嫩叶突然枯萎，若接着有连绵阴雨天，这些变枯的叶片迅速长出灰葡萄孢真菌的菌落。若接下来的天气不是小雨而是阴天，那病叶上迅速长出粉红单端孢的真菌菌落。它们都是促使受害叶片腐烂，并产生更多的病原真菌。灰葡萄孢的孢子量大时常侵染矮生的花朵，使它们提前谢花或在叶腐病植株附近的各种草本花卉上产生大量花腐病，如三色堇、一串红等花卉多受感染。

白兰花葡萄孢叶腐病症状

白缅桂单端孢叶腐病症状

粉红单端孢 *Trichothecium roseum*

灰葡萄孢 *Botrytis cinerea*

3. 预防

白兰花种植地应选背风无寒流经过处，幼树幼苗要搭防霜棚过冬。不要将它种在花径旁以免增加传染源。

4. 治理

受到寒害后应及时清除被害枝叶，销毁。

二十、香籽含笑藻斑病 (图2-277)

1. 病原

绿藻纲桔色藻科的寄生性红锈藻（头孢藻）*Cephaleuros virescens* Kunze.（参见图2-163）引致藻斑病。尚可侵染山茶、白兰、玉兰、胡椒、柑橘和桂花等植物，引起藻斑病。

2. 症状

叶片和嫩枝易受害，叶的正面比叶背面病斑多，病初叶上呈现出针头大小的灰白色、灰绿色或黄褐色小圆斑。扩大后仍以圆形斑为主，受害面病斑微微隆起，其边缘色淡有似放射状或羽毛状物。病斑上有纤维状细纹和绒毛。病斑在不同寄主上有不同的颜色，一般为暗褐色、暗绿色或桔褐色。在香籽含笑叶上为桔褐色，直径大小为3～5mm。木本花卉枝干也有藻斑。

3. 预防

参看山茶藻斑病预防。

4. 治理

参看山茶藻斑病治理。

二十一、云南含笑黄化病 (图2-278)

1. 病原

缺素症。

2. 症状

可能因野生种驯化为栽培种的过程中，有选地不当情况。部分种植地是碱性土或是水泥墙脚处，有石灰沙浆使立地环境碱性化，在碱性环境下铁元素被固定在土壤里，土壤内有铁而植物不能吸收（可溶性二价铁已转为不溶性三价铁），故表现为缺铁症。

3. 预防

石灰池附近和水泥墙旁不种含笑属植物，不要在种植地施用石灰。

4. 治理

对黄化病轻的植物要尽早移栽到微酸性土壤中，或将病树根际的土壤逐渐换成微酸性的红土，红黄壤土。

2-277 香籽含笑藻斑病症状
2-278 云南含笑黄化病症状

第六节　君子兰属病害

一、君子兰灰斑病 (图2-279、图2-280)

1. 病原

真菌门半知菌亚门腔孢纲黑盘孢目黑盘孢科盘多毛孢属的胶藤生盘多毛孢 *Pestalotia elasticola* P.Herm.＝*Pestalotiopsis* sp.引致。北京六月份发病普遍。

2. 症状

病叶边缘有深褐色近圆形斑，当多个病斑相连时，呈不规则灰褐色大斑，病斑大小不等，形状不一。中央灰白色，后期有裂缝的不规则斑，内有黑色糊状小点粒。

3. 预防

防止阳光直晒，少施氮肥。适当多施磷钾肥，控制植株环境中的高温和高湿。

4. 治理

剪除病叶，烧毁，将株行距加大，使之通风透气。发病期可喷70%托布津1000倍液，或乙磷铝、炭腐灵，或敌唑酮等杀菌剂。每7～11天一次，连喷2～3次，将病原菌控制住。

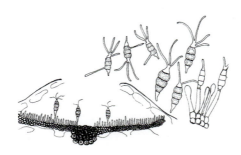

2-279a	2-279b
2-279c	2-280

君子兰灰斑病症状

胶藤生盘多毛孢 *Pestalotia elasticola*

二、君子兰叶斑病 (图2-281、图2-282)

1. 病原
真菌门半知菌亚门腔孢纲球壳孢目球壳孢科大茎点属的一个种 *Macrophoma* sp.引致。

2. 症状
病叶上有黄褐色不规则大病斑，(1~1.5) cm × (1~1.2) cm，边缘略隆起，后在病斑中部枯萎处埋生许多小黑点。

3. 预防
少施氮肥。适当多施磷钾肥，控制植株环境中的高温和高湿；将盆苗移稀，增加通风透气度。

4. 治理
剪除病叶，烧毁，将株行距加大，使之通风透气。改进浇水方式，要从盆沿注入。发病期可喷70%托布津1000倍液，或70%代森锰锌可湿粉600~800倍液，或50%退菌特可湿粉500~700倍液等杀菌剂，轮换使用。

2-281a	2-281b
2-281c	2-282

君子兰叶斑病症状

大茎点霉 *Macrophoma* sp.

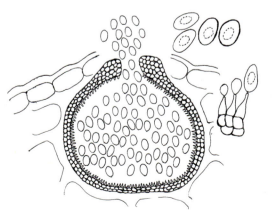

2-283a | 2-283b
2-283a | 2-283c
| 2-284

君子兰炭疽症状
刺盘孢 *Colletotrichum* sp.

三、君子兰炭疽病（图2-283、图2-284）

1. 病原

真菌门半知菌亚门腔孢纲黑盘孢目黑盘孢科刺盘孢属一个种 *Colletotrichum* sp.引致。

2. 症状

中下部叶片叶缘易受害，病叶有椭圆形稍凹陷淡褐色斑，有带轮纹状斑纹病斑，后期病斑中部生黑色小粒点。潮湿时小黑点变为粉红色具黏液的小点（病症）。

3. 预防

注意遮阴，少施氮肥。适当多施磷钾肥，环境中的高温和高湿，会促使病害严重发生。

4. 治理

及时剪除病叶，集中烧毁，将株行距加大，使之通风透气。发病期可喷70%代森锰锌可湿粉500倍液，或施70%托布津可湿粉1000倍液，或40%三唑酮及多菌灵可湿粉1000倍液等杀菌剂，交替使用，7~10天喷一次，早防治，事半功倍。

四、君子兰叶枯病 (图2-285、图2-286)

1. 病原
真菌门半知菌亚门腔孢纲黑盘孢目(科)柱盘孢属的一个种 *Cylindrosporium* sp. 引致。

2. 症状
病叶形成不规则黄褐色斑。其边缘褐色，病斑大小为5.5cm×4cm，病斑上散生小黑点状物，突破表皮外露，空气干燥时病症不明显，呈枯萎状。湿润环境下病叶上的小黑点明显色淡。

3. 预防
温棚内大面积栽培时除定期通风透气外需定期喷波尔多液保护。尤其发生在多种病的栽培区内，5～7月每10天喷药1次。

4. 治理
发现病株及时修去病部，带出园外、销毁，或将盆栽株搬出隔离，或就地将病株修剪后喷杀菌剂治理，同时把病株周围的健康植株叶喷药处理，以防扩大传播。选择上述各种叶斑病所使用的杀菌剂均可，不要只用某一种药剂，以免产生抗药性。

2-285 / 2-286

君子兰叶枯病症状

柱盘孢属 *Cylindrosporium* sp.

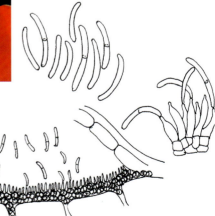

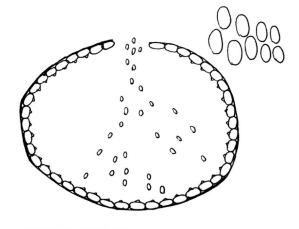

君子兰小圆斑病症状
叶点霉属 *Phyllosticta* sp.

五、君子兰小圆斑和花腐病（图2-287、图2-288）

1. 病原
真菌门半知菌亚门腔孢纲球壳孢目（科）叶点霉属一个种 *Phyllosticta* sp.。

2. 症状
初病期呈小圆斑症状，病叶小圆斑淡褐色，逐渐形成褐色斑，斑点边缘上常发生再次侵染，使之扩大受害，其上有灰色小点成排有序分布。斑外有黄晕圈，边缘较硬微微隆起，形成轮纹圈，叶正面斑中两圈内有小黑点（病症）。病原侵染花时花瓣呈水渍状腐烂。

3. 预防
温棚需加遮阴网，减少灼伤，大面积栽培时需定期喷波尔多液保护。尤其在各种叶斑病易发生的栽培区内，5～7月每10天1次。

4. 治理
发现病株及时修去病部，带出园外、进行销毁，或将盆栽株搬出隔离加大行距，使之通风，或就地将栽株修剪后喷杀菌剂治理。

六、君子兰暗条纹斑病 (图2-289、图2-290)

1. 病原
半知菌亚门丝孢纲丛梗孢目暗色孢科链格孢属一个种 *Alternaria* sp. 的真菌引致。

2. 症状
病斑暗褐色，不规则形大斑，初湿腐，后干燥脆裂皱缩，在叶背病斑处有明显的、分散的黑色细条纹状物。

3. 预防
大面积栽培时需定期喷波尔多液等保护剂。在多发病的栽培区内每10天1次，连续2~3次，防止病害大发生或流行。

4. 治理
及时修去病部，带出园外销毁，或将盆栽病株搬出隔离，或就地将病株修剪后喷杀菌剂治理。君子兰怕晒、高温和严寒。夏季休眠，秋冬生长，喜温暖、凉爽的气候。要种好君子兰一定要给它创造适宜的环境，才能减少病害发生。

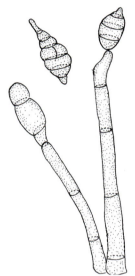

2-290
2-289

链格孢属 *Alternaria* sp.
君子兰暗条纹斑病症状

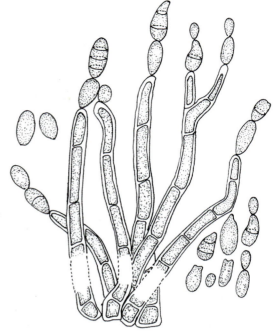

2-291a
2-291b | 2-292

君子兰褐红斑病症状
微黑枝孢 *Cladosporium nigrellum*

七、君子兰褐红斑病 (图2-291、图2-292)

1. 病原
半知菌亚门丝孢纲丛梗孢目暗色孢科枝孢属的微黑枝孢*Cladosporium nigrellum* Ellis&Everh.的真菌引致。

2. 症状
花梗、花瓣、嫩叶片基部及老叶尖部均易受害，形成不规则的褐红色斑，有大有小的梭形斑或块状斑，很快枯萎、皱缩。其上生有橄榄绿至褐色的小霉堆状物。

3. 预防和治理
参照君子兰暗条纹斑病。

八、君子兰硬斑病（图2-293、图2-294）

1. 病原
半知菌亚门腔孢纲球壳孢目球壳孢科陷茎点属真菌的一个种 *Trematophoma* sp.引致。

2. 症状
病叶内有大大小小的不规则形边缘有硬圈的斑，这些斑块有的近圆形，有的近棱形，有的椭圆形或不规则形。后期硬圈外叶肉也变色软腐至整片叶子水渍状坏死。在初发病的硬斑内有些小黑点（病症）。

3. 预防和治理
参照君子兰炭疽病。

2-293a	2-293b
2-293c	2-294

君子兰硬斑病症状

陷茎点 *Trematophoma* sp.

2-295　君子兰赤点叶斑病症状

九、君子兰赤点叶斑病 (图2-295)

1.病原
半知菌亚门腔孢纲球壳孢目球壳孢科茎点霉属真菌的一个种 *Phoma* sp.（见图2-229）引致。

2.症状
病叶初发病时，先从叶尖或叶缘向内变褐有坏死斑，产生阶段性的病健界限（隆起轮纹），然后继续向内变褐，有水渍状晕。此处坏死时，再次产生病健界限。故一片病叶有多个不规则的轮纹隆起边界线，在坏死斑中有紫红色小点（病症）。

3.预防和治理
参照君子兰炭疽病。

十、君子兰轮纹病（图2-296、图2-297）

1. 病原

半知菌亚门腔孢纲球壳孢目球壳孢科盾壳霉属的盾壳霉 *Coniothyrium* sp. 引致。尚可为害山茶和棕榈等植物。

2. 症状

主要危害叶片、茎基。初期叶斑深褐色，近圆形，大约0.7～0.8cm，多个圆形斑汇集成不规则的重叠，近圆形，外围具黄色晕环，后期病斑赤褐色（病状），有轮纹状排列的小黑点（病症）。

3. 预防

病菌以无性孢子全年侵染为害，以菌丝体分生孢子器在病株上或病残物在土壤中存活越冬，春秋季病情较轻。夏季病害往往发生较重。温暖而高湿的天气，特别是高温为该病发生的主要条件。园圃、盆栽通气不良或肥水管理不当，发病较重。

4. 治理

(1) 合理修剪，必要时进行重修剪，修剪后结合喷药预防，如能坚持1～2年，防效显著。

(2) 合理施肥。实行配方施肥，避免氮肥偏施，增施有机肥；改善土壤通透性（盆栽的适当掺入木炭或煤渣块），不要用喷灌方式浇水，改变浇水时间。

(3) 及时喷药预防控制。在早春植株抽生新叶、病害未发生或初发之时连续喷施0.5%～1%石灰等量式波尔多液，或0.5波美度石硫合剂，或50%苯来特可湿性粉剂800～1000倍液，7～10天1次，连喷3～4次。

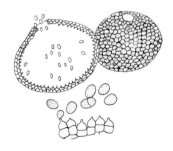

2-296 | 2-297

君子兰轮纹病症状

盾壳霉 *Coniothyrium* sp.

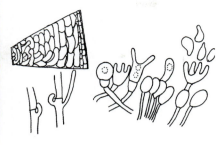

2-298a | 2-299
2-298b

君子兰白绢病症状
齐整小核菌 Sclerotium rolfsii

十一、君子兰白绢病 (基腐病，图2-298、图2-299)

1. 病原
半知菌亚门丝孢纲无孢目无孢科小核属的齐整小核菌 Sclerotium rolfsii Sacc. 病菌以菌核在病残体和土壤中存活越冬。菌核表生，球形或椭圆形，直径0.5～3mm，褐色，表面光滑而带光泽，形状如油菜籽粒。其有性阶段是白绢薄膜革菌，有性阶段不常产生，属担子菌亚门，担子棍棒状，上生小梗2～4个，其上着生担孢子、亚球形、梨形或椭圆形，无色，单孢，平滑，基部稍歪斜。

2. 症状
君子兰茎近地面处，初有水渍状黄褐色不规则病斑。皮层呈软腐状，病部和地际土面常有白色绢丝状和褐色菌核，拔起病株，可见根部腐烂，植穴内也有白色菌丝和褐色菌核。当茎基全部坏死腐烂时，植株地上部分便干枯死亡。

3. 预防
病菌在土中可营腐生生活，存活3～4年，寄主范围很广，可危害200多种植物，全年发病，以6～7月发病较重。

4. 治理
名贵品种宜换新盆新土，并做好土壤消毒处理。做好养护工作，防病工作要做在发病之前。

十二、君子兰褐斑病 (图2-300、图2-301)

1. 病原
半知菌亚门腔孢纲球壳孢目（科）壳多孢属一个种 *Stagonospora* sp.（分生孢子器壁薄，孢子梗缺乏，孢子光滑，无色，多个分隔）的真菌引致。

2. 症状
叶片和茎上生有褐色大病斑，有时病斑呈轮纹状，多次环纹呈现在病斑的外圈，病斑中心淡褐色，有分散的许多小黑点粒（病症）。

3. 预防和治理
参照君子兰炭疽病。

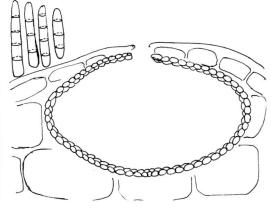

2-300a
2-300b | 2-301

君子兰褐斑病症状

壳多孢属 *Stagonospora* sp.

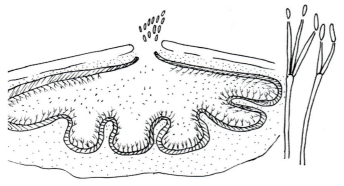

2-302
2-303

君子兰斑枯病症状
侧壳囊孢属 *Pleurocytospora* sp.

十三、君子兰斑枯病 (图2-302、图2-303)

1. 病原

半知菌亚门腔孢纲球壳孢目 (科) 侧壳囊孢属一个种*Pleurocytospora* sp.的真菌引致。

2. 病状

病叶尖至叶基常呈现枯斑，病斑不规则形，在叶肉较厚处，干燥时出现黑色小点，潮湿时在小黑点位置上呈现乳白色小点粒或丝状物（分生孢子角）。

3. 预防和治理

参照君子兰炭疽病。

十四、君子兰叶基褐斑病 (图2-304、图2-305)

1. 病原
半知菌亚门腔孢纲球壳孢目(科)厚壳多孢属一个种 *Sclerostagonospora* sp.(分生孢子器壁厚，孢子淡褐色，多个隔)的真菌引致。

2. 症状
病害发生在茎基近土壤处，病斑圆形，褐色，中心腐烂，病健处有小黑点(病症)。

3. 预防
盆土颗粒不能太大，颗粒土不要靠近君子兰茎部，否则易产生日灼，灼伤是该病的诱因。

4. 治理
进行土壤松动时，要将土块挖细，肥粒、土壤大颗粒均不能留在茎旁。见到病斑时，可用石灰水或杀菌剂涂抹。

2-304a
2-304b | 2-305

君子兰叶基褐斑病症状

厚壳多孢属
Sclerostagonospora sp.

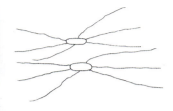

| 2-306a | 2-306b | 2-306c | 2-307 |
| | | 2-306d | |

君子兰细菌性软腐病症状
君子兰软腐欧氏杆菌 *Erwinia* spp.

十五、君子兰细菌性软腐病（烂头病，图2-306、图2-307）

1. 病原

细菌中的两个种，细菌纲真细菌目欧氏杆菌属，1号菊欧氏杆菌*Erwinia chrysanthemi* Burknolder, Mcladden et Dimock，2号软腐欧氏杆菌黑茎菌变种*E.carotovora* var. atroseptica (Hellmers et Dowson) Dye。1号还侵染菊花、大丽花、香石竹、银胶菊、花叶万年青、秋海棠、喜林芋等观赏花木。是君子兰最严重的叶斑病和茎腐病。

2. 症状

病叶出现水渍状斑，斑周围有黄色晕圈，植株心部有水时易发病，逐渐全株腐烂解体呈湿腐。茎基出现水渍状斑，软腐处有微酸味。

3. 预防

有病土壤不能连续栽种，高温、高湿有利病害发生，染病花钵等器具要热力消毒后方可使用。要及时剪除植株上的病斑烧毁。全株腐烂时，种植穴土或盆土必须更换，病土经灭菌后才能利用。

4. 治理

(1) 加强栽培管理，控制病害发生。浇水时不能使水分进入茎心内。

(2) 多施磷钾肥，少施氮肥，病斑出现时多用400ppm的农用链霉素喷洒或涂抹。也可用注射器将药注入茎心内。

(3) 名贵品种，种植前种球消毒（丰灵粉剂400～500倍液浸30～60min，或47%加瑞农可湿性粉剂800～1000倍液浸20～30min）。

(4) 盆栽换用新盆新土，土壤先消毒。

(5) 配方施肥，及时防除介壳虫等害虫，减少虫伤。

(6) 名贵品种幼株期开始定期或不定期淋药防病。还可施链霉素或新植霉素3000～3500倍液，或10%多菌铜乳粉400～500倍液，或30%绿得宝悬浮液。另外，可用石灰浆涂抹初发病株患部，或施石灰水（100～200倍液）1～2次。若茎基处有白粉介为害，应将全株小心挖（或拔）出来，放到石灰水中洗净，主要将虫清除，换土重种。

十六、君子兰日灼病 (图2-308)

1. 病原
生理性伤害。

2. 症状
发生在炎热的夏季或秋冬季更换时，或移动盆苗方向时，嫩叶易受害，日灼斑边缘不清晰，呈发黄或失水干枯状斑块。

3. 预防
温室栽君子兰，6～9月要避阴。室温达30℃时，要开窗通风喷水降温，盖遮阴网或降低日照差，减轻伤害。

4. 治理
避免强光直射，夏季避免高温，放置在阴凉通风处。将受害叶剪去。

2-308　君子兰日灼病状

2-309 君子兰烂根病病状

十七、君子兰烂根病 (图2-309)

1. 病原
生理性。

2. 症状
苗期从叶基以下全部腐烂，烂处呈褐色斑，土温过高时，根呈深褐色或红色腐烂。病叶变褐呈穿孔状。

3. 预防
高温高湿条件下，君子兰各个生育期都可能发生烂根。故不能施用发酵不够的未腐熟的生肥，施肥不要接触根。

4. 治理
苗期不要浇水过量，君子兰育蕾期，土温不能超过20℃，它不喜高温。发生烂根植株应及时拔除、烧毁。

十八、君子兰坏死斑纹病 (图2-310)

1. 病原
病毒,其类群待定。一株上的叶片大多显症。传毒介体尚不明确。

2. 症状
叶片发病,初生黄褐色小点,随着小点增大,叶肉细胞崩坏,出现表面凹陷的黄褐色斑纹,叶面、叶缘都可发生。斑纹形状不规则,有长条形、椭圆形、近圆形等。

3. 预防
园艺作业时,接触病株的手和工具应在肥皂水中充分洗涤。

4. 治理
发现病株应拔除销毁,对珍贵品种可用高温消毒茎尖组培法培育无病母株进行繁殖。

必要时对栽培环境和工具进行消毒,较好的消毒液有:2%的福尔马林和2%的氢氧化钠水溶液(变绿后不能再用);无水磷酸三钠(Na_3PO_4)164g或含结晶的磷酸三钠377g,加水1000mL。

2-310 君子兰坏死斑纹病病状

第七节 芍药属（牡丹属）病害

一、牡丹灰霉病（图2-311、图2-312）

1. 病原

真菌门半知菌亚门丝孢纲丛梗孢目丛梗孢科葡萄孢属的牡丹葡萄孢 *Botrytis paeoniae* Oudem.和灰葡萄孢 *Botrytis cinerea* Pers.（参见图2-23和2-55）引致灰霉病（两种症状没区别）。

2. 症状

病菌主要危害牡丹（芍药）的各个时期。幼苗茎基被害时，初呈暗绿色，水渍状，不规则形病斑。病斑逐渐变为褐色，凹陷，腐烂状。严重时病株倒伏，病部产生黑褐色霉状物。花芽受侵染后，变黑或花瓣枯萎。早春天气干旱，侵染时间可能推迟到盛花期。花器变褐腐烂，被覆有黑褐色霉状物。叶片和叶柄受害时，产生黑色斑。叶尖和叶缘处病斑较多。病斑圆形，褐色，具有不规则状轮纹。天气潮湿时，病斑上长有霉状物。幼嫩植株受侵染后，枝条腐烂，并在腐烂枝条的基部产生菌核，菌核球形，产生于病组织内部，大小为1～1.5mm，表面黑色，光滑。

3. 预防

灰霉病菌主要以菌核在病残体及土壤内越冬，菌核可抵抗不良环境条件。次年，菌核在适宜条件下萌发产生分生孢子。孢子借助风雨传播侵染。寄主植物开花后，开始发病，在牡丹整个生长期不断进行再侵染。每年6～7月发病最多。灰霉病发生程度与环境条件有密切关系，阴雨连绵或多露时，病害发生严重；幼嫩植株容易受侵染发病；连作地块发病较重。所以预防时：

(1) 秋季，将枯枝、落叶收拾干净，集中烧毁，未烧的不能作堆肥用。
(2) 春季，发现枯叶、枯芽立即摘除、烧毁。
(3) 栽植区实行轮作；连作地要深翻后才可种植。
(4) 植株不宜过密种植。
(5) 选用无病种芽繁殖，并用65%代森锌300倍液浸泡10～15min。

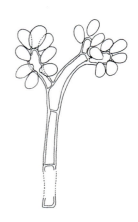

2-312
2-311a | 2-311b | 2-311c

牡丹葡萄孢 *Botrytis paeoniae*
牡丹灰霉病症状

(6) 改善土壤排水条件，重黏土地要掺沙；浇水不宜超过植株基部。植株培土不能超过叶基。有机肥不能接触新生长的枝和叶。植株不宜施用过量化肥。

4. **治理**

春季，病区植株嫩尖刚破土而出时，采用化学药剂保护。波尔多液（1:1:100）、50%苯莱特1000倍液、65%代森锌500倍液，连喷2次，隔7～10天。

二、牡丹褐斑病 (图2-313、图2-314)

1. **病原**

半知菌亚门丝孢纲丛梗孢目（科）尾孢属的两个种黑座尾孢霉 *Cercospora variicolor* Wint.和芍药尾孢*C.paeoniae* Tehon et Dan.引致。

2. **症状**

叶正面形成灰褐色、近圆形的，轮纹状病斑。病斑上产生灰黑色霉状物，后呈枯斑。

3. **预防**

病菌在枯枝、落叶等病残体上越冬，所以搞好种植园卫生是预防的关键。秋季，清扫枯枝、落叶，集中烧毁，减少侵染来源。

4. **治理**

植株生长初期，用化学药剂保护叶片。可用波尔多液（1:1:100）、50%退菌特800倍液、65%代森锌500倍液防治。

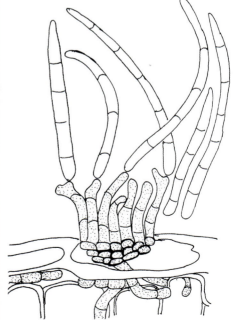

2-313a / 2-313b | 2-314

牡丹褐斑病症状

黑座尾孢 *Cercospora variicolor*

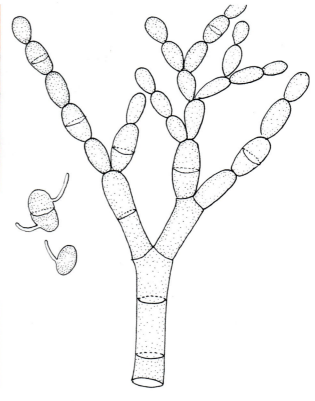

牡丹红斑病症状

牡丹枝孢霉 *Cladosporium paeoniae*

三、牡丹红斑病 (图2-315、图2-316)

1. 病原

半知菌亚门丝孢纲丛梗孢目暗色孢科枝孢属的牡丹枝孢霉 *Cladosporium paeoniae* Pass.引起。分生孢子梗丛生，黄褐色。分生孢子纺锤形或卵形，黄褐色。

2. 症状

红斑病是牡丹、芍药种植上常见的病害。病菌主要侵染叶片，也可以侵染茎及花。病斑近圆形，紫褐色。病斑逐渐扩大，有淡褐色轮纹，周围为暗褐色。后期病斑红褐色，病部半透明状。

叶柄受侵染后，病斑为褐色，有墨绿色绒毛层。茎部染病后，发生稍隆起的病斑。花梗和花冠上；病斑为小型的、粉红色斑点。

3. 预防

病菌以菌丝体和分生孢子在病叶上越冬。多雨潮湿季节发病较重。

4. 治理

参见牡丹褐斑病治理。

四、牡丹褐枯病（图2-317～图2-319）

1. 病原
半知菌亚门腔孢纲盘多毛孢属的芍药盘多毛孢 *Pestalotia paeoniae* Serv. 和黏鱼排属的一种 *Blennoria* sp. 引致。

2. 症状
叶上病斑椭圆形中间黄褐色枯斑，病斑有一暗褐色细线圈，正面病斑上散生小黑点（盘多毛孢），背面小黑点不明显（黏鱼排孢），叶斑稀少。

3. 预防
病菌以菌丝体和分生孢子在病叶上越冬。多雨潮湿季节发病较多。

4. 治理
参见牡丹褐斑病治理。

2-317a | 2-317b
2-317c | 2-317d
2-318 | 2-319

牡丹褐枯病症状

芍药盘多毛孢 *Pestalotia paeoniae*

黏鱼排孢 *Blennoria* sp.

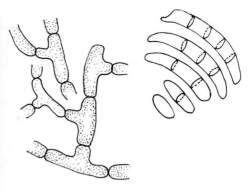

2-320 | 2-321

牡丹立枯病症状
立枯丝核菌 *Rhizoctonia solani*（左）
与镰刀菌多型性分生孢子 *Fusarium* sp.（右）

五、牡丹立枯病（图2-320、图2-321）

1. 病原

由立枯丝核菌 *Rhizoctonia solani* Kühn 和镰刀菌 *Fusarium* sp. 引起的根腐病。

2. 症状

该病引起茎基部的皮层腐烂严重者木质部和根部也腐烂，植株易拔起，周围可见白色或黑色霉状物，整个植株出现立枯状。

3. 预防

两种菌均在土壤中传播病害，植株也可带病菌，从根部伤口侵入。所以预防可对土壤蒸汽消毒50～60℃1h，或0.1%福尔马林消毒土壤；选用无病种苗，建立无病母本圃；种植前浇施50%多菌灵500倍液灌透土壤。

4. 治理

发病后用50%多菌灵500倍液或敌可松500倍液浇灌根部土壤。

六、牡丹萎蔫病（图2-322）

1. 病原

由黄萎轮枝菌 *Verticillium albo-atrum* Reinke et Berth.（参见图2-16）引起。

2. 症状

该病引起牡丹根和根颈部溃烂、坏死。开花季节，叶和枝条发生萎蔫。剖析茎部，可见导管变褐，被菌丝体阻塞，水和矿物质营养疏导受阻出现枯萎症状。

3. 预防

病菌在根和根颈部越冬。植株衰弱以及有伤口情况下，黄萎轮枝菌便可乘机而入。预防可选用无病菌土壤栽植。生长期检查病株，发现病株拔除销毁；污染过的土壤消毒后方可种植；增施有机肥，改善排水措施，促使植株健壮，提高抗病能力。

4. 治理

参见牡丹立枯病治理

2-322 牡丹萎蔫病症状

2-323a | 2-323b
2-323c | 2-324

牡丹叶枯病和叶尖枯病症状

叶点霉 *Phyllosticta paeoniae*

七、牡丹叶枯病和叶尖枯病（图2-323、图2-324）

1. 病原

芍药叶点霉*Phyllosticta paeoniae* Sacc.孢子小于15μm的真菌引起。

2. 症状

主要危害叶片。黑色病斑多为圆形，直径约0.2~0.4cm，病斑在叶尖时，症状为叶尖枯。病症在叶正面，病斑中心部位内散生针尖大小黑粒状物（病症），一片叶上有多个小黑斑。该病现在危害不太大，可与其他叶部病害一同预防与治理。

3. 预防

病菌以菌丝体、分生孢子器在病株上或枯枝落叶上及遗落土中的病残体上存活越冬。翌年初春温度、水分充足时，分生孢子自分生孢子器孔口中大量涌出，借风雨传播，从植株伤口或表皮气孔侵入即行发病。温暖多雨的季节及年份发病较重。园圃低湿或植株长势较差则发病严重。搞好田园卫生是预防的关键。秋季，清扫枯枝、落叶，集中烧毁，减少侵染来源。

4. 治理

参见牡丹褐斑病治理。

八、牡丹枝枯病（图2-325、图2-326）

1. 病原

壳蠕孢 *Hendersonia paeoniae* Allesch.和接柄霉 *Zygosporium* sp. 参见图2-264引致。

2. 症状

主要危害茎干或枝条，在发黑的枯枝上产生黑色小点，即病原菌的子实体。

3. 预防

病菌以菌丝体、分生孢子器在病株或枯枝上存活越冬。翌年初春温度、水分充足时，分生孢子自分生孢子器孔口中大量涌出，借风雨传播，从植株伤口或表皮气孔侵入即行发病。温暖多雨的季节及年份发病较重。园圃低湿或植株长势较差则发病严重。搞好种植园卫生是预防的关键。秋季，清扫枯枝集中烧毁，减少侵染来源。

4. 治理

冬季晴天修剪病枝并烧毁；修剪后用杀菌剂或石蜡或达克宁（硝酸咪康胜乳膏）涂抹；生长期可喷50%多菌灵可湿性粉剂1000倍液。

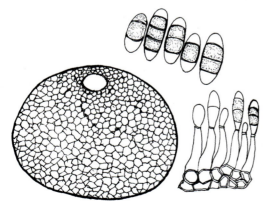

2-325a | 2-325b
2-326

牡丹枝枯病症状

牡丹壳蠕孢 *Hendersonia paeoniae*

九、牡丹叶霉病（图2-327、图2-328）

1. 病原
氯头枝孢 *Cladosporium chlorocephalum* Mason &Ellis 引致。

2. 症状
病菌主要侵染叶片。病斑不规则形，灰褐色。病斑逐渐扩大，有墨绿色绒毛层。

3. 预防
病菌以菌丝体落在叶上越冬。翌年初春温度、水分充足时，产生分生孢子，从植株伤口侵入。温暖多雨的季节及年份发病较重。园圃低湿或植株长势较差则发病严重。搞好圃园卫生是预防的关键。秋季，清扫枯枝、落叶，集中烧毁，减少侵染来源。

4. 治理
参见牡丹褐斑病治理。

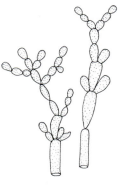

2-327
2-328

牡丹叶霉病症状

氯头枝孢 *Cladosporium chlorocephalum*

十、牡丹干腐病（图2-329、图2-330）

1. 病原
球腔菌 *Mycosphaerella* sp. 引致。

2. 症状
主要危害茎干，枝干出现湿腐状，露出木质部，后期在腐烂的皮层出现黑色颗粒状物（病症），即病原菌的子囊壳。

3. 预防
病菌以菌丝体、分生孢子器在病株上越冬。翌年初春借风雨传播，从植株伤口或表皮气孔侵入即行发病。温暖多雨的季节及年份发病较重。园圃低湿或植株长势较差则发病严重。搞好田园卫生是预防的关键。秋季，清除枯枝集中烧毁，减少侵染来源。

4. 治理
冬季晴天修剪病枝并烧毁；修剪后用达克宁或杀菌剂涂抹；生长期可喷50%多菌灵可湿性粉剂1000倍液。

2-329
2-330

牡丹干腐病症状
球腔菌 *Mycosphaerella* sp.

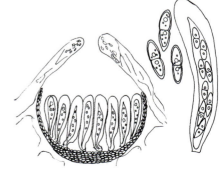

2-331　牡丹疫病症状

十一、牡丹疫病（图2-331）

1. 病原

恶疫霉 *Phytophthora cactorum*（Leb.et Cohn.）Schröt.（参见图2-536）的真菌引致。

2. 症状

病菌侵害茎部，产生长形的溃疡斑。病斑上部的茎下垂。主枝受侵染后，变黑枯死。病菌可以引起根茎部腐烂，致使全株死亡。疫病与灰霉病的症状相似，其病部也产生霉层。

3. 预防

把健康的植株种植在排水良好的地方，最好不要种在原病区；否则要更换土壤或进行土壤消毒处理。用甲醛（福尔马林）消毒（40%甲醛1份加水40份）；或用五氯硝基苯消毒（70%的25mL加水114L）。消毒的土壤要使其气味散去才能种植或播种；也可以用太阳能进行土壤消毒；或热蒸汽消毒，均应在没种植物时先进行。

4. 治理

病症明显的病株、病枝要及时清除，集中烧毁，不能用于堆肥。挖除病株时，要连同周围的土壤一起进行，更新无病土栽植。

十二、牡丹花蕾枯和花腐病 (图2-332～图2-335)

1. 病原
半知菌亚门腔孢纲球壳孢目（科）的赤点霉 *Rhodosticta* sp. 和丝孢纲丛梗孢目（科）的曲霉属曲霉 *Aspergillus* sp. 及暗色孢科的线孢霉属的线孢霉 *Hadronema* sp. 的真菌引起花蕾和花芯及花朵枯萎。

2. 症状
花心和花瓣受侵染后产生变色小斑，后逐渐扩大并产生小黑点，最终花蕾不能开放，变黑干枯。

3. 预防
摘除病蕾并烧毁，清除侵染来源。

4. 治理
冬季摘除病花蕾后，可喷50%多菌灵可湿性粉剂1000倍液等真菌类药剂保护并使新蕾不再受害。

2-332a	2-332b
2-332c	2-332d
2-333	2-334	2-335

牡丹花蕾枯和花腐病症状
赤点霉 *Rhodosticta* sp.
线孢霉 *Hadronema* sp.
曲霉 *Aspergillus* sp.

十三、牡丹炭疽病（图2-336、图2-337）

1. 病原

真菌门半知菌亚门腔孢纲黑盘孢目（科），盘长孢属一个种 *Gloeosporium* sp.。

2. 症状

叶上病斑长圆形略为下陷小斑，后扩大成不规则黑褐色大斑，潮湿天气小环境，病斑上呈现粉红色发黏的孢子堆。持续连绵的雨水会使病叶下垂，长满孢子堆。叶柄和茎也能发病，症状相似，严重时会引起折伏。

3. 预防

牡丹、芍药的株行距不能过密，初发病时就要修去病枝叶，使之通风透光，8~9月份病害易流行，应提前在5月下旬开始对往年的病区做预防，可喷波尔多液保护。

4. 治理

发病初期先将下垂叶，病枝叶清除，再喷70%炭疽福美500倍液，或喷多菌灵，每隔7~10天喷药一次，喷时要仔细均匀，连续喷2~3次。

2-336a | 2-336b
2-336c | 2-337

牡丹炭疽病症状

盘长孢 *Gloeosporium* sp.

十四、牡丹枝枯和花梗枯 (图2-338～图2-340)

1. 病原
半知菌亚门腔孢纲黑盘孢目（科）的尾状盘双端毛孢 *Seimatosporium caudatum* (Prduss) Shoemaker 和球壳孢目半壳孢科的斑双毛壳孢 *Discosia maculaecola* Ger. 两种真菌引致。

2. 症状
该病主要危害枝及花梗，在初期萌动的枝及花梗上生黑褐色小点（即病原菌的分生孢子盘），使嫩枝迅速发病枯萎。

3. 预防
牡丹、芍药的株行距不能过密，初发病时就要修去病枝叶，使之通风透光，4～5月份病害易流行，应提前在3月下旬开始对往年的病区作预防，可喷波尔多液保护。

4. 治理
发病初期先将下垂叶，病枝叶清除，再喷多菌灵，每隔7～10天喷药一次，喷时要仔细均匀，连续喷2～3次。

2-338a | 2-338b
2-339 | 2-340

牡丹枝枯症状

尾状盘双端毛孢 *Seimatosporium caudatum*

斑双毛壳孢 *Discosia maculaecola*

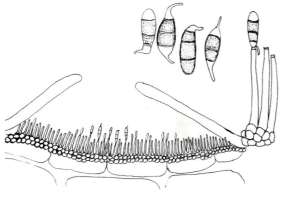
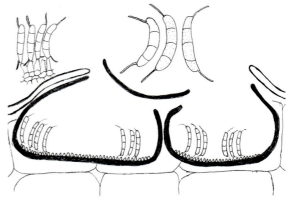

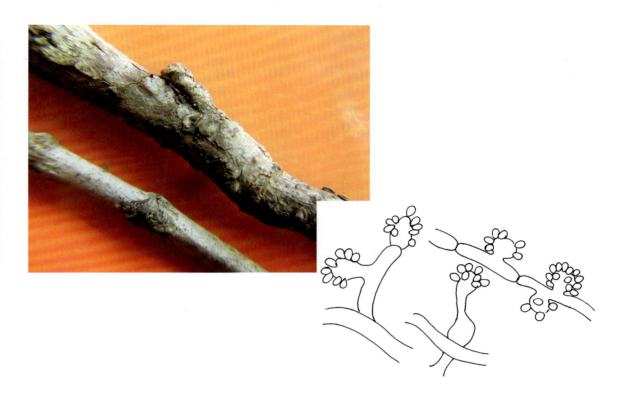

2-341 | 2-342

牡丹茎腐病症状

多主瘤梗孢 *Phymatotrichum omniverum*

十五、牡丹茎腐病（图2-341、图2-342）

1. 病原

半知菌亚门丝孢纲丛梗孢目（科）的多主瘤梗孢 *Phymatotrichum omniverum* (Shear) Dugg. 的真菌引致。

2. 症状

这是土壤习居菌，能引起牡丹、芍药根腐和茎基腐烂。植株生长衰弱，尤其在有伤口情况下，病害容易发生。土壤黏重，排水不良，根腐病发生机会多。

3. 预防

(1) 生长期注意检查，发现病株立即拔除、烧毁。病株周围土壤要挖除，更新土壤，或进行消毒处理。

(2) 选择无菌土壤栽植，或污染土壤经热力或化学处理后种植。实行轮作倒茬。

(3) 选择排水良好的沙质壤土栽植。以基肥为主，开花后追肥1～2次，使用速效肥料，以促进苗势繁茂、健壮。

4. 治理

参见牡丹疫病防治方法。

十六、牡丹根腐病（图2-343～图2-345）

1. 病原

担子菌亚门层菌纲伞菌目口蘑科小蜜环菌属的小蜜环菌 *Armillariella mellea*（Vahl ex Fr.）Karst. 担子果丛生，初半球形，菌盖4～14cm，浅土黄色，边缘有条纹，菌柄多中生，其上有或无菌环（见图2-197）。蜜环菌的菌索很粗，先为黄褐色扁平，后变黑色扁平3～5mm宽，长度不限，有细分枝，在病部常见，较明显。

2. 症状

植株生长衰弱，移栽时伤根，土壤黏重，排水不良，根腐病发生较多。地面上常见植株生长不良，病黄叶较多、枝枯、梢枯、叶芽迟迟萌发，花蕊小且易干枯等病状。多年后见根茎处长出成丛伞菌的病症（担子果）。

3. 预防

不选老林地种植牡丹，尤其不选用老树桩旁、腐根尚未清理干净的林地种植。

4. 治理

选择无菌或灭菌后的土壤栽植，选择排水良好的土壤栽植。以基肥为主、开花时追肥1～2次。使苗势繁茂、健壮（使用速效肥料）。

2-343a | 2-343b
2-344
2-345

牡丹根腐病地上症状

牡丹根腐病地下症状

小蜜环菌 *Armillariella mellea*（菌索和担孢子）

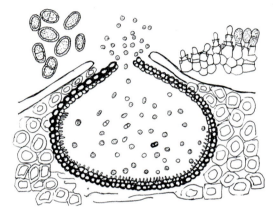
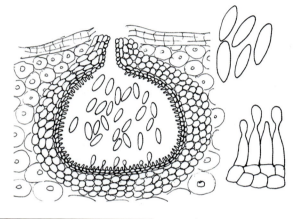

2-346a | 2-346b
2-347 | 2-348

牡丹叶枯病症状
盾壳霉 *Coniothyrium* sp.
大茎点 *Macrophoma* sp.

十七、牡丹枝叶枯病（图2-346～图2-348）

1. 病原
盾壳霉 *Coniothyrium* sp.和大茎点 *Macrophoma* sp.两真菌引致。

2. 症状
该病主要危害小枝，在成长的枝条和苞叶上生有黑褐色小点，即病原菌的分生孢子器。

3. 预防
牡丹、芍药的株行距不能过密，初发病时就要修去病枝叶，使之通风透光，6～7月份病害易流行，应提前在4月下旬开始对往年的病区做预防，摘除初病的枝、叶，并喷波尔多液保护。

4. 治理
发病初期先将病枝叶清除，再喷70%炭疽福美500倍液，或喷多菌灵，每隔7～10天喷药一次，喷时要仔细均匀，连续喷2～3次。秋后一定要把芍药地上部割除烧毁，病区尤其要严格执行每年一次的彻底清除。牡丹在秋后要将所有病枝、叶清理干净，修剪完毕后，烧去所有清理对象，并在春芽萌动前喷1～2波美度的石硫合剂，保护新萌动的芽。

十八、牡丹穿孔病 (图2-349、图2-350)

1. **病原**

半知菌亚门腔孢纲球壳孢目黑盘孢科明二孢属一个种 *Diplodina* sp. 的真菌引致。

2. **症状**

初期叶表面产生紫褐色的小斑，病斑扩大成不规则形褐色斑，后期病斑坏死脱落形成孔洞。

3. **预防**

牡丹、芍药的株行距不能过密，注意排水，增施有机肥，合理修剪，增强通风透光，初发病时就要修去病枝叶，6～7月份病害易流行，应提前在4月下旬开始对往年的病区做预防，可喷波尔多液保护。

4. **治理**

发病初期先将病枝叶清除，再喷70%代森锰锌可湿性粉剂500倍液，或喷75%百菌清可湿性粉剂800倍液，每隔7～10天喷药一次，喷时要仔细均匀，连续喷3～4次。

2-349a	2-349b
2-349c	2-350

牡丹穿孔性褐斑病症状

明二孢 *Diplodina* sp.

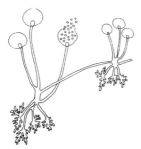

2-351a	2-351b
2-351c	2-351d
2-352	

牡丹软腐病症状

黑根霉 *Rhizopus stolonifer*

十九、牡丹软腐病 (图2-351、图2-352)

1. 病原

接合菌亚门（纲）毛霉目（科）根霉属的黑根霉 *Rhizopus stolonifer*（Ehrenb.ex Fr.）Vuill.的真菌引致。

2. 症状

软腐病主要危害种芽。种芽切口处受侵染后，病部呈水渍状腐烂，由褐色转变为黑褐色。后期，病部产生灰白色霉状物。

种芽在堆藏和加工中，经常被软腐病菌危害。潮湿、通风不良条件下，病害易于发生。

3. 预防和治理

（1）种芽入窖前，设法促进伤口愈合；在通风良好的地方贮放，改变发病条件。

（2）种芽加工时，要勤翻，薄堆，减少感染机会。

（3）旧堆积场所，先铲除表土，再用1%甲醛消毒后，种芽才可堆存。

二十、牡丹叶枯病（图2-353、图2-354）

1. 病原

真菌门半知菌亚门丝孢纲丛梗孢目暗色孢科链格孢霉 *Alternaria* sp.（见图2-290）引致叶枯病。

2. 症状

病斑从叶尖，叶缘向内扩展形成圆斑或不规则形；斑面红褐色，后期病斑表面有黑色点斑，潮湿时呈暗绿色绒状物。

3. 预防

清除圃地的病残体，烧毁，秋冬季节清理结合预防可选用0.5%～1%石灰等量式波尔多液，或70%托布津＋75%百菌清可湿性粉剂（1:1）1000～1500倍液，以减少第二年病菌的侵染来源。

4. 治理

生长期可喷1:1:200波尔多液保护；发病时可喷布杀菌剂，如：50%退菌特800倍液等。

2-353a	2-353b
2-353c	2-353d
2-354a	2-354b

牡丹叶枯病症状
芍药叶枯病症状

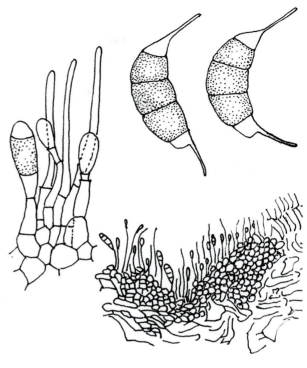

退绿叶斑病症状

芍药隐点霉 *Cryptostictis paeoniae*

二十一、退绿叶斑病 (图2-355、图2-356)

1. 病原

真菌门半知菌亚门球壳孢目球壳孢科暗色多胞族牡丹隐点霉 *Cryptostictis paeoniae* Serv.引致叶斑病。分生孢子器散生，分生孢子两端各有细毛，无子座。

2. 症状

病斑从叶尖，叶缘向内扩展形成退绿圆斑或不规则形；斑面褐色，后期病斑表面有黑色小点，即病症。

3. 预防

发病初期，随时摘除病叶并烧毁，注意通风透光，做好园圃清洁工作。

4. 治理

发病期可喷50%代森锰锌500倍液或50%退菌特800倍液喷洒，需喷均匀，每隔半月喷1次，喷1～2次。

二十二、牡丹壳针孢叶斑病 (图2-357)

1. 病原
真菌门半知菌亚门球壳孢目球壳孢科线状孢亚科壳针孢 *Septoria* sp.（参见图2-250）引致叶斑病。分生孢子器散生，分生孢子细长无色。

2. 症状
引起叶枯斑，病斑淡绿色至黄白色，最终成淡褐色不规则病斑，上生黑色小点，即病症。

3. 预防
发病初期，随时摘除病叶并烧毁，注意通风透光，做好园圃清洁工作。

4. 治理
参看牡丹叶斑病的防治方法。

2-357 牡丹壳针孢叶斑病症状

2-358 牡丹茎腐病症状

二十三、牡丹核盘茎腐病 (图2-358)

1. 病原

核盘菌*Sclerotinia sclerotiorum*（Lib.）de Bary.（见图2-256）无性孢子的真菌引致。

2. 症状

核盘菌可引起多种庭院植物和栽培的牡丹、芍药发生茎腐，偶尔也引起枝条突然萎蔫和腐烂。病菌在茎的内侧产生大量的黑色菌核。

3. 预防和治理

参看牡丹疫病。

二十四、牡丹白绢病 (图2-359)

1. 病原

白绢薄膜革菌 *Pellicularia rolfsii*（Sacc.）West.无性态为齐整小核菌 *Sclerotium rolfsii* Sacc.（见图2-299）。菌丝体白色，疏松或集结成菌丝束贴于基物上；菌核初为白色，后变褐色，大小如油菜籽，有性态少见。

2. 症状

这是土壤习居菌，能引起牡丹、芍药根腐和茎基腐烂。植株生长衰弱，尤其在有伤害情况下，病害容易发生。土壤黏重，排水不良，根腐病发生机会多。

3. 预防

(1) 生长期注意检查，发现病株立即拔除、烧毁。病株周围土壤要挖除，更新土壤，或进行消毒处理。菌核在土壤中能存活4～5年，雨季发病严重，蚧壳虫的危害可以加重发病率。

(2) 选择无菌土壤栽植，或污染土壤经热力或化学处理后种植。实行轮作倒茬。排灌水要方便。

4. 治理

参见牡丹疫病防治方法。生物防治可采用绿木霉 *Trichoderma haryianum* 制剂与培养土混合后再栽种牡丹。苏州市用绿色木霉菌制剂防治茉莉花白绢病，防治效果可达90%以上。

2-359　牡丹白绢病症状

2-360　牡丹环斑病症状

二十五、牡丹（芍药）环斑病 (图2-360)

1. 病原

病原为芍药环斑病毒Peony ringspot virus（牡丹花叶病毒Peony mosaic virus、牡丹褪绿病毒Peony chlorosis spot virus），据资料，病毒粒子直径约为27nm。病毒在昆诺阿藜上发生局部感染，克利夫兰烟上产生系统侵染。环斑病毒分布很普遍，可危害牡丹（芍药）的几个种。病毒不会造成植株矮化现象。病毒通过分蘖或插条繁殖时传播，蚜虫也可传播。

2. 症状

牡丹（芍药）植株叶片上，一开始就明显表现淡绿色交替呈带状，不规则的环状、弧状，形成细长、奇异的花纹；然后逐渐连成带状。秋季时，环纹变成黄色斑点或带状斑。同时有小型的坏死斑。

3. 预防

生长期认真检查，发现病株便拔除，以减少毒源；选择无病苗木（分蘖、插条）繁殖，最好有无病毒留种地。留种地设在较偏僻处。

4. 治理

及时防治传毒蚜虫，可用50%马拉松（马拉硫磷）乳油1000倍液、25%西维因可湿性粉剂800倍液、2.5%溴氰菊酯乳油4000～10000倍液防治。

二十六、牡丹、芍药矮小病 (图2-361)

1. 病原
烟草脆裂病毒Tobacco rattle virus。

2. 症状
牡丹、芍药植株生长矮小，黄化。

3. 预防
参看牡丹（芍药）环斑病预防。

4. 治理
参看牡丹（芍药）环斑病治理。

2-361 牡丹矮小病症状

2-362
2-363

牡丹芽枯病症状

烟草根结线虫病病状（参考）

二十七、牡丹（芍药）芽枯病 (图2-362、图2-363)

1. 病原

南方根结线虫 *Meloidogyne incognita*（kofoid and white）Chitwood（见图2-406）引致。

2. 症状

牡丹芽从只有豌豆大小直到开花前，经常发生芽枯现象。

3. 预防和治理

清除病原，避免连作或使用无病土育苗；用茎顶芽作繁殖材料，大量生产组培苗；药剂防治可用1000mg/L克线磷或150mg/L杀螟松浸种苗根茎消毒，杀线虫，也可喷施，每隔7～10天喷1次，连续2～3次。

第八节　鸢尾属病害

一、鸢尾眼斑病（图2-364、图2-365）

1. 病原

半知菌亚门丝孢纲丛梗孢目暗色孢科疣蠕孢属细丽疣蠕孢 *Heterosporium gracile* Sacc.（孢子与梗均为褐绿色，孢子表面密生细刺）的真菌引致。

2. 病状

病叶上病斑圆形，呈大大小小的圆形斑，褐色。后转淡黄色，其中央灰白色近椭圆形，内生小黑点和黑色绒毛状物（病症）。植株进入开花期后，病害加重，病原菌容易侵染花蕾、叶片，使叶片早衰枯死，不侵染茎和根。但由于叶枯萎较多，使病株的根状茎生长衰弱，甚至连多年生的植株也易死亡。

3. 预防

重病区避免连作，栽种名贵品种时，盆土要消毒。初见病叶时及时剪除销毁，减少病菌来源，施用腐熟肥料，提高抗病力，注意排灌水。

4. 治理

(1) 冬季清园后，在鸢尾生长前期，要用波尔多液重点保护有病植区；
(2) 盆土用高压蒸汽消毒，或50%苯菌灵可湿粉1000倍液作定根水淋灌；
(3) 配方施肥，增施磷钾肥；
(4) 发病初期，用药剂控制2～3次，可选40%代森锰锌可湿粉600～800倍液，或40%多福溴可湿粉600～800倍液，或15%亚胺唑可湿粉2000～3000倍液，每隔7～10天一次。

2-364 鸢尾眼斑病症状

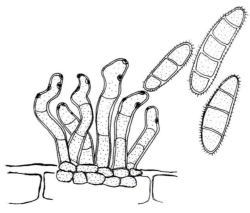

2-365 鸢尾细丽疣蠕孢 *Heterosporium gracile*

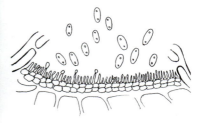

2-366a | 2-366b | 2-366c / 2-367

鸢尾花枯病症状

果生盘长孢 *Gloeosporium fructigenum*

二、鸢尾花枯病 (图2-366、图2-367)

1. 病原

半知菌亚门丝孢纲丛梗孢目（科）葡萄孢属灰葡萄孢 *Botrytis cinerea* Pers.（参见图2-23和图2-55）引致花腐；半知菌亚门腔孢纲黑盘孢目盘长孢属的果生盘长孢 *Gloeosporium fructigenum* Berk. 的真菌引致炭疽菌花枯病。本菌是个复合真菌种，株系较多，寄主范围广。

2. 症状

在阴雨连绵的天气，花穗、小花蕾及花瓣上会出现黑色近圆形斑，严重时受害部位迅速枯萎，种植密度大，通风条件差，多雨季节炭疽病容易流行。此时若突然出现低温18℃左右，病斑出现白色绒毛状物，是灰葡萄孢，引起花朵软腐病。

3. 预防

花期注意通风透光，修剪病叶、病花穗等，减少侵染来源。

4. 治理

加强通风，控制温棚中的温度，在20～24℃，相对湿度不大于70%，浇水时不用喷雾和高淋法，而改用顺土壤走低灌法，近花期要特别注意喷施杀菌剂，药剂参考鸢尾眼斑病用药，也可用波美0.3度石硫合剂喷雾，每10天一次，连续2～3天。

三、鸢尾白绢病（图2-368、图2-369）

1. 病原

真菌门半知菌亚门丝孢纲无孢目（科）小核菌属的齐整小核菌 *Sclerotium rolfsii* Sacc.引致。寄主范围非常广泛，该菌可在土中长期生存，有性态是担子菌亚门层菌纲隔担菌目薄膜革菌属的白绢薄膜革菌 *Pellicularia rolfsii*（Sacc.）West。

2. 症状

病菌从植株靠近土壤处侵入，然后出现暗褐色斑点，继续扩大成褐色腐烂块状病斑，病斑近地面长出白色绢丝状菌丝，菌丝蔓延至苗木根部，引起根腐，在高湿条件下，菌丝体逐渐交织成白色菌核，经粉红色后变为黄色、棕色、或茶褐色。小，外形似油茶籽，散布在溃烂处或有白色菌丝的表土上。种植过密处，叶片和花梗易受侵染，叶尖变褐，花梗受害呈冠腐状。

3. 预防

消除病株和病土，严防病土到处散落到远离种植区，移到远离种植区处理，更换清洁土壤（或消毒过的土）。

4. 治理

种植前土壤消毒（灭菌），70%五氯硝基苯每亩用1～1.5kg，先加适量土拌匀撒施，翻土，耙均匀。选种无性繁殖材料时，用苯来特溶液（每2.25kg 26.7～29.5℃温水中加53mL苯来特）浸泡15～30min，消毒后栽培。

2-368 | 2-369

鸢尾白绢病症状

齐整小核菌 *Sclerotium rolfsii* 与白绢薄膜革菌 *Pellicularia rolfsii*

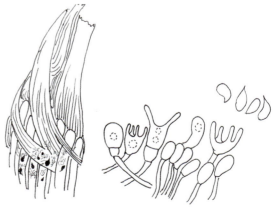

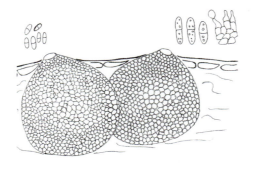

2-370 / 2-371

鸢尾叶斑病症状

黄菖蒲壳二孢 *Ascochyta pseudacori*（右）与鸢尾壳二孢 *A. iridis*（左）

四、鸢尾叶斑病 (图2-370、图2-371)

1. 病原

半知菌亚门腔孢纲球壳孢目（科）壳二孢属的鸢尾壳二孢 *Ascochyta iridis* Oudem. 和黄菖蒲壳二孢 *A. pseudacori* Allesch. 同属的两种真菌引致。

2. 症状

叶上半部易产生病斑，形成边缘色深、内部色淡的小圆斑，在小圆斑中心灰白处有几个小黑点。

3. 预防

参考鸢尾眼斑病预防。

4. 治理

参考鸢尾眼斑病治理。

五、鸢尾球腔菌叶斑病 (图2-372、图2-373)

1. 病原
子囊菌亚门座囊菌目（科）球腔菌属的鸢尾球腔菌 *Mycosphaerella iridis* (Auersw.) Schröt. 的真菌引致。

2. 症状
叶部病斑圆形，边缘有带水渍状的褐色小斑，中心灰色，内有小黑点（病症）。

3. 预防
选用抗病良种。在秋季和春季清除病残体，防止土壤湿度过大。

4. 防治
在发病初期进行适时喷药，用70%甲基托布津或50%多菌灵可湿性粉剂500～1000倍液两种药交替使用，每隔7天喷一次，连喷2次。

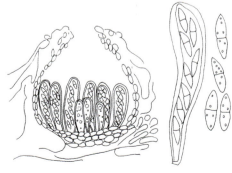

2-372
2-373

鸢尾球腔菌叶斑病症状

鸢尾球腔菌 *Mycosphaerella iridis*

2-374 / 2-375

鸢尾叶点霉叶斑病症状
鸢尾叶点霉 *Phyllosticta iridis*

六、鸢尾叶点霉叶斑病 (图2-374、图2-375)

1. 病原
半知菌亚门腔孢纲球壳孢目（科）叶点霉属的鸢尾叶点霉 *Phyllosticta iridis* 的真菌引致。

2. 病状
叶尖部易发生近圆形小斑，多个小斑可连接成一大斑，病斑不规则，边缘暗褐色，中心灰色，内有小黑点的病征。

3. 预防
参看鸢尾眼斑病预防。

4. 治理
参看鸢尾眼斑病治理。

七、鸢尾交链孢叶斑病（图2-376、图2-377）

1. 病原

真菌门半知菌亚门丝孢纲丛梗孢目（科）交链孢属的鸢尾生交链孢 *Alternaria iridicola*（Ell.et Er.）Elliott.还为害鸢尾属的蝴蝶花（日本鸢尾）。

2. 症状

病叶生褐色梭形不规则形病斑，边缘深褐色隆起。病斑可愈合成大枯斑，在叶两面均生黑褐色霉状物。

3. 预防

参考鸢尾眼斑病预防。

4. 治理

参考鸢尾眼斑病治理。

 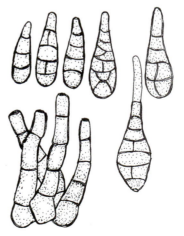

2-376a
2-376b | 2-377

鸢尾交链孢叶斑病症状

鸢尾生交链孢 *Alternaria iridicola*

2-378 | 2-379

鸢尾属锈病症状

鸢尾柄锈菌 *Puccinia iridis*

八、鸢尾属锈病（图2-378、图2-379）

1. 病原

真菌门担子菌亚门冬孢纲锈菌目柄锈属的鸢尾柄锈菌 *Puccinia iridis*（DC.）Wallr.引致。

2. 症状

病叶两面生有近圆形黄褐色疱状斑，其上散生红褐色粉粒状物，秋后叶背病斑生黑褐色粉粒物（病症）。病叶提早枯黄。

3. 预防

选育抗病品种，严防过多施用氮肥，加强管理，排去多余的水分，清除病株，使之通风透气。该病菌可以侵染鸢尾属多个种，转主寄生有缬草和荨麻科植物。

4. 治理

(1) 清除周边的转主植物；

(2) 轮作；

(3) 清除病叶集中销毁；

(4) 早春用代森锌或代森锰锌500倍液，或20％粉锈宁1000倍液（可保20天），隔7～10天喷病区1次。植株周围湿度大时可撒硫磺粉杀菌，湿度小时用石硫合剂。

九、黄鸢尾叶枯病（图2-380、图2-381）

1. 病原

真菌门子囊菌亚门盘菌纲柔膜菌目皮盘菌科（属）黑斑白洛皮盘菌 *Belonium nigromaculatum* Graddon引致。

2. 症状

植株下部叶易枯，在一年生老叶枯斑上生有0.4mm左右的黑色小点（子囊盘），6～7月份黄鸢尾（黄菖蒲）叶上出现病症。用放大镜观察可见黑点旁布满黑色绒毛。

3. 预防

参看鸢尾花枯病预防。

4. 治理

参看鸢尾花枯病治理。

2-380a	2-380b
2-381	

黄鸢尾叶枯病症状

黑斑白洛皮盘菌 *Belonium nigromaculatum*

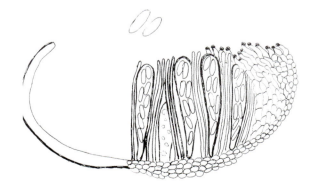

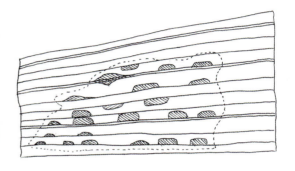

2-382a | 2-382b
2-382c | 2-383

黄鸢尾茎叶菌核叶斑病症状

黄鸢尾茎叶菌核 *Ectostroma iridis*

十、黄鸢尾茎叶菌核叶斑病 (图2-382、图2-383)

黄鸢尾（黄菖蒲）6～8月份的重要病害，呈叶斑状病叶。

1. 病原

真菌门半知菌亚门丝孢纲无孢目（科）茎叶菌核属鸢尾茎叶菌核 *Ectostroma iridis* Fr.引致。只产生菌核，大小（1～2）mm×（2～2.5）mm，它与叶肉组织相结合，无孢子产生。

2. 症状

病叶上有大形枯斑，坏死区周围有半透明的褐色晕圈，在绿色病叶组织上生有黑色长形颗粒状物（菌核）。

3. 预防

参看鸢尾花枯病预防。

4. 治理

参看鸢尾花枯病治理。

十一、鸢尾叶枯病 (图2-384、图2-385)

1. 病原
真菌门子囊菌亚门腔菌纲格孢腔菌目（科）小球腔属的运载小球腔菌 *Leptosphaeria vectis*（Berk.&Br.）Ces.&de Not.引致。

2. 症状
病叶上密布黑色小点粒（病症），其周围有黄色晕圈，病叶迅速干枯。鸢尾属均易感此病。

3. 预防
参看鸢尾花枯病预防。

4. 治理
参看鸢尾花枯病治理。

2-384a | 2-384b
2-385

鸢尾叶枯病症状

运载小球腔菌
Leptosphaeria vectis

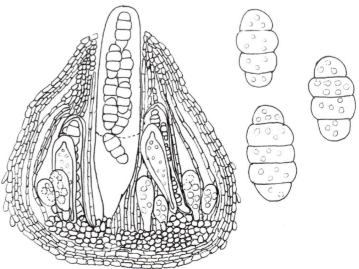

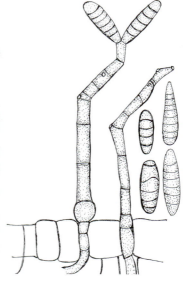

2-386 | 2-387

鸢尾墨汁病症状

鸢尾德氏霉 *Drechslera iridis*

十二、鸢尾墨汁病（图2-386、图2-387）

1. 病原

真菌门半知菌亚门丝孢纲丛梗孢目暗色孢科德氏霉属鸢尾德氏霉 *Drechslera iridis*（Oud.）M.B.Ellis引致。

2. 症状

在衰弱叶片，尤其在叶基上生有卵形或长椭圆形菌落，长有黑褐色绒毛状物，似墨汁状。

3. 预防

参看鸢尾白绢病预防。

4. 治理

参看鸢尾白绢病治理。

十三、鸢尾炭疽病 (图2-388、图2-389)

1. 病原

真菌门半知菌亚门腔孢纲黑盘孢目（科）丛刺盘孢属一个种 *Vermicularia* sp.引致。

2. 症状

病叶上有梭形或不规则形斑，边缘深褐色，微隆起，中心灰白色，散生许多黑色点粒。刺盘孢属 *Colletotrichum* 分生孢子盘盘状或平铺，上面敞开，半埋于基质内，分生孢子梗无色透明一般不分枝，上端渐尖细；分生孢子由分生孢子梗顶端长出，单胞，无色，长椭圆形、弯月形或镰刀形。盘内有黑褐色刚毛。德国人冯阿克斯（J.A.Ven.Arx., 1957）发表了对炭疽病菌分类的专论，认为炭疽菌无性阶段的刚毛，是随环境而变化的。其典型特征应是：分生孢子盘有刚毛，因此他把盘圆孢属 *Gloeosporium* 和丛刺盘孢属 *Vermicularia* 归入刺盘孢属。他认为炭疽菌的有性阶段是小丛壳菌属 *Glomerella*。因此，又把一些著名的炭疽菌，如茶炭疽病的茶球座菌 *Guignardia theae* (Racib.) Bern. 葡萄房枯病的浆果球座菌 *Guignardia baccae* (Cav.) Jacz.等都归入围小丛壳菌 *Glomerella cingulata* (Stonem.) Spauld. et Schrenk. 在它名下的炭疽菌有601种。

3. 预防

参看鸢尾花枯病预防。

4. 治理

参看鸢尾花枯病治理。

2-388a | 2-388b
2-388c | 2-389

鸢尾炭疽病症状

丛刺盘孢 *Vermicularia* sp.

2-390a | 2-390b
2-391

黄菖蒲叶斑病症状

黄菖蒲茎点霉 *Phoma pseudacori*

十四、黄菖蒲叶斑病 (图2-390、图2-391)

1. 病原

真菌门半知菌亚门腔孢纲球壳孢目（科）茎点霉属黄菖蒲茎点霉 *Phoma pseudacori* Brum.孢子小于15μm，分生孢子器壁较厚。

2. 症状

在8月发病的叶片上，呈长形大斑，其内散生有许多小黑点状物（病症），在枯萎叶片尖部更为明显。

3. 预防

参看鸢尾花枯病，上述多种鸢尾病害一起预防。

4. 治理

参看鸢尾花枯病，上述多种鸢尾病害同时一次性治理。

十五、鸢尾属枝枯病（图2-392、图2-393）

1. 病原
真菌门半知菌亚门腔孢纲球壳孢目（科）拟茎点霉属的鸢尾拟茎点霉 *Phomopsis iridis*（Cooke）Hawksw.&Punith.引致。

2. 病状
在近地面弱枝上散生许多小黑点状物，下部枝呈枝枯状。

3. 预防
种植株行距不能过密，周围应保持通风透光，尽量消除种植环境中的枯枝败叶。

4. 治理
发现病叶及时修剪、销毁，病区保持喷杀菌剂。药剂选择可参考鸢尾眼斑病的用药。7～10天1次；空气湿度大时喷粉剂，如硫磺粉。

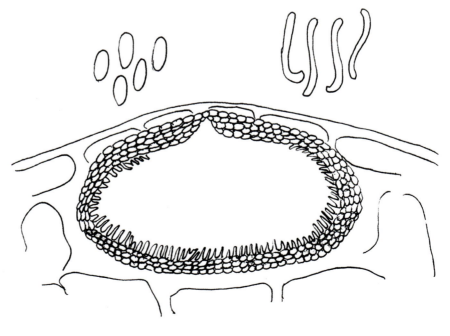

2-392a | 2-392b
2-393

鸢尾枝枯病症状

鸢尾拟茎点霉 *Phomopsis iridis*

2-394a | 2-394b
2-395

黄鸢尾茎枯病症状

泪珠小赤壳 *Nectriella dacrymycella*

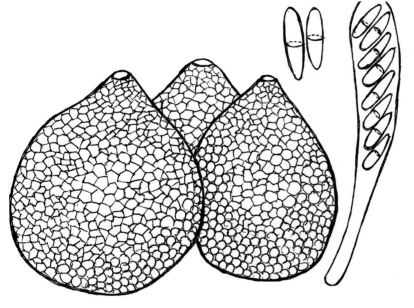

十六、黄鸢尾茎枯病 (图2-394、图2-395)

1. 病原

真菌门子囊菌亚门核菌纲球壳菌目（科）小赤壳属的泪珠小赤壳 *Nectriella dacrymycella* (Nyl.) Rehm. 尚可侵染其他鸢尾。

2. 症状

病株茎上有散生的桔红色至红色半埋生近颗粒状物，大小0.3～0.5mm。6～12月份在黄鸢尾枯叶纤维和茎上发生，后呈茎枯状，病区相当普遍。

3. 预防和治理

参看鸢尾属枝枯病。

十七、鸢尾属根茎腐烂病 (图2-396、图2-397)

1. 病原
真菌门子囊菌亚门核菌纲球壳菌目（科）蠕孢球壳菌属的异孢蠕孢球壳菌 *Trematosphaeria heterospora* (de Not.) Winter 寄生于鸢尾属植物。

2. 症状
在根茎部产生黄褐色至褐色斑，逐渐扩大围绕整个根茎，后期出现小黑点，根茎腐烂，植株极易枯死。

3. 预防
拔除病株并烧毁；发病初期可用波尔多液喷洒植株。注意避免在干湿变化大、圃园卫生差的地方种植。

4. 治理
发病时可用2～3波美度石硫合剂或200倍多菌灵浇淋病根部。

鸢尾根茎腐烂病症状

异孢蠕孢球壳菌
Trematosphaeria heterospora

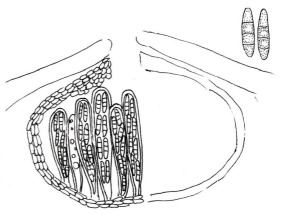

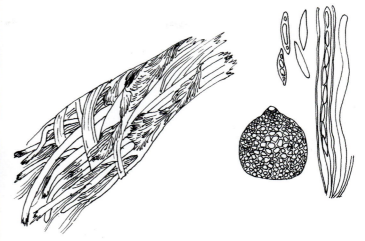

2-398a / 2-398b 2-399

鸢尾白纹羽根腐病症状

褐座尖壳菌 *Rosellinia necatrix* 与褐暗孢霉 *Dematophora necatrix*

十八、鸢尾白纹羽根腐病（图2-398、图2-399）

1. 病原

真菌门子囊菌亚门核菌纲球壳目（科）褐座尖壳菌 *Rosellinia necatrix* (Hart.) Berl.引致无性阶段是褐暗孢霉 *Dematophora necatrix* Hartig。据资料报道，除鸢尾属外，还可侵染水仙、苹果、梨和针阔叶木本等植物。

2. 症状

为害根和根茎，表面密集白色或淡灰色或灰绿色至黑色，大量直立的具有羽纹状菌索，无性阶段的白纹羽束丝菌从菌丝体上产生孢囊梗，顶生或侧生1～3个无色孢子。肉眼可见，高达1.5mm，菌丝体中具羽纹状分布的纤细菌索，常覆盖表面，其皮层内产生黑色细小的菌核。子囊壳只在已死的病根上产生。

3. 预防

病原真菌主要是由土壤中的植物残体和堆肥中的菌核（黑色颗粒状物）和其营养体所致，它可以在土壤中存活1～3年左右；其次是种植材料上带有病菌。

4. 治理

清理田间病株残体；前作是鸢尾属，且有病株的地要土壤消毒；可深翻堆垅在沟中放可燃物烧热土壤灭菌；也可用硫酸亚铁混细干土3:7，每亩撒药土100～150kg；在酸性土壤上，结合整地每亩撒石灰20～25kg。对种植材料消毒：播种前用食盐水1:10或硫酸胺水1:10泡2min，清水洗净后播种。

十九、鸢尾拟盘多毛孢花腐病 (图2-400)

1. 病原

半知菌亚门腔孢纲黑盘孢目（科）拟盘多毛孢属的一个种 *Pestalotiopsis* sp.（见图2-53）的真菌引致。

2. 症状

发生在叶尖、新梢和花上。初期叶上出现不规则的淡绿色斑纹，后扩大呈黄褐色到暗紫色，最后为灰褐色。边缘色较深，逐渐扩大蔓延到健康组织，无明显界限。空气湿度大时，叶背面可见稀疏的灰褐色霉层，病斑为紫灰色，中间为灰白色。新梢和花感染时，病斑与叶的病斑相似，但枝梢上病斑略凹陷。严重时叶枯萎脱落，新梢枯死。花朵感病时，蕾枯不能开放。

3. 预防

病菌以菌丝和孢子越冬越夏，蔓延侵染，主要发生于温室中，6～11月发病最重。温室苗床植株密集时发病重，通风不良，湿度高，氮肥多时也发病重。

4. 治理

(1) 及时清除病株或病叶，并销毁，将污染的植株拔除消毒换土。严重发病苗床，下次播种前土壤要先消毒。

(2) 温室要注意通风，保持干燥。

(3) 发病初期应喷50%代森锰锌600倍液1次，或50%代森铵1000倍液，若连喷2次效果更好。

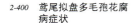

2-400 鸢尾拟盘多毛孢花腐病症状

2-401
2-402

鸢尾茎腐病症状
尖孢镰刀菌 *Fusarium oxysporum*

二十、鸢尾茎腐病 (图2-401、图2-402)

1. 病原
半知菌亚门丝孢纲瘤座孢目（科）镰孢菌属的尖孢镰刀菌 *Fusarium oxysporum* Schlecht. 的真菌引致。

2. 症状
主要为害茎基部，这种土壤习居真菌侵染的部位是根茎处，使全株变黄，受害处变褐色至黑褐色，先湿腐后干腐。溃烂后全株死亡。

3. 预防
栽种地的干湿度间歇性变化有利于尖镰孢菌的发生发展。病区土壤灭菌或更新土壤为重要的工作，或将鸢尾种到无病区。

4. 治理
将初病根茎冲洗干净后，放在苯来特（4.5L 26.7～28.9℃温水中加50mL苯来特）溶液中，浸泡15～30min，然后迅速干燥。严重发病后应考虑轮作3～4年。

二十一、鸢尾花叶病毒病（图2-403）

1. 病原

病毒，种群待定。据资料是病毒中的鸢尾轻性花叶病毒Iris mild mosaic virus简称（IMMV），鸢尾烈性花叶病毒Iris severe mosaic virus（ISMV）和芜菁花叶病毒Turnip mosaic virus（TMV）。国内鉴定认为是鸢尾轻性花叶病毒。

2. 症状

叶片和花瓣产生黄色条斑和斑驳，德国鸢尾（品种名）呈矮化状，花器变小，不算严重。

3. 预防

可由蚜虫传播病毒，也可由汁液摩擦传毒，有毒种球可传至下一个生长季，田间发现及时拔除销毁，减少侵染来源。

4. 治理

建立无病留种圃地，从初叶期开始防治蚜虫，减少媒介昆虫传播。用杀虫剂喷杀，如50%马拉松1000倍液；2.5%溴氰菊酯乳油2000倍液；或0.5～1波美度石硫合剂。尚可用黄色有黏液小板诱杀成龄蚜虫。

2-403　鸢尾花叶病症状

2-404　鸢尾环斑病症状

二十二、鸢尾环斑病（图2-404）

1. 病原

病毒，种群待定。（据资料鸢尾属病毒中有烟草环斑病毒Tobacco ringspot virus可为害德国鸢尾、八仙花、百合、黄瓜、烟草等17科38属植物。）

2. 症状

在鸢尾上表现环斑、枯萎或退绿斑等病状。

3. 预防

据资料通过蓟马、蚜虫、线虫传播，也可通过汁液传染。体外保毒期6～10天。田间发现病株拔除后烧毁，加强对传毒媒介生物的防治工作。

4. 治理

尽量少伤害植株，减少伤口，减少与其他寄主的近距离栽种。

二十三、鸢尾根结线虫病（图2-405、图2-406）

1. 病原
南方根结线虫 *Meloidogyne incognita.* (Kofoid and White) Chitwood 引致。

2. 症状
鸢尾苗从小直到开花前，经常发生叶片发黄，生长不良和芽枯现象。挖开地表10～15cm处，可见须根上长有许多小型不规则状肿瘤，在幼瘤上还常见小孔，从小孔内可挑出半透明乳白色小株状物（雌虫体）1mm大小。有些瘤长大至5～8mm时溃烂。

3. 预防
清除病原，避免连作或使用无病土育苗；用茎顶芽作组织培养的繁殖材料。

4. 治理
药剂防治可用1000mg/L克线磷或150mg/L杀螟松喷施，每隔7～10天喷1次，连续2～3次。

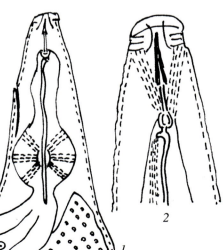

2-405a | 2-405b
2-406

鸢尾根结线虫病症状

鸢尾根结线虫
1、2-线虫头端（雌、雄）；
3-雌虫会阴花纹

第九节 石竹属病害

一、香石竹萎蔫病（图2-407、图2-408）

1. 病原
半知菌亚门丝孢纲丛梗孢目（科）瓶霉属的紧密瓶霉 *Phialophora compacta* Carr. 的真菌引致香石竹萎蔫病。

2. 症状
这种真菌侵入植株的导管，阻碍水分向茎、叶输送，以致造成全株萎蔫。病菌产生毒素伤害寄主的活组织。植株生长的各个发育期都可以侵染。病菌经伤口、小根尖和根毛侵入。受侵染的组织变为褐色，并逐渐向绿色部分扩展。病健组织间有一明显界限。

3. 预防
拔除并销毁病株，尽力避免土壤污染，减少侵染来源；在除草和栽培管理中，避免伤害植株。有条件的地方，从温室生长的植株上取插条。

4. 治理
苗床被污染后，必须更换土壤或土壤消毒；用58%苯来特1000倍液处理土壤有防效。

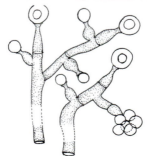

2-407a | 2-407b
2-408

香石竹萎蔫病症状

紧密瓶霉 *Phialophora compacta*

二、香石竹匍柄黑斑病 (图2-409、图2-410)

1. 病原

半知菌亚门丝孢纲丛梗孢目暗色孢科匍柄霉属的刺状匍柄霉 *Stemphylium sarciniiforme* (Cav.) wiltsh. 的真菌引致。

2. 症状

这种真菌侵入植株的导管，阻碍水分向茎、叶输送，以致造成全株萎蔫。病菌产生毒素伤害寄主的活组织，病部破裂，有黑色绒毛状物长出（病症）。植株生长的各个发育期都可以侵染。病菌经伤口、小根尖和根毛侵入。受侵染的组织变为褐色（病状），并逐渐向绿色部分扩展。病健组织间有一明显界限。

3. 预防

拔除并销毁病株，尽力避免土壤污染，减少侵染来源；在除草和栽培管理中，避免伤害植株。有条件的地方，从温室生长的植株上取插条。

4. 治理

苗床被污染后，必须更换土壤或土壤消毒；用58%苯来特1000倍液处理土壤有防效。

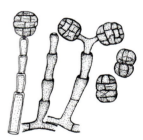

2-409 | 2-410

香石竹匍柄黑斑病症状

刺状匍柄霉 *Stemphylium sarciniiforme*

2-411 香石竹叶枯病症状

三、香石竹叶枯病（图2-411）

1. 病原

半知菌亚门丝孢纲丛梗孢目暗色孢科枝孢属一个种 *Cladosporium* sp.（参见图2-316）引致香石竹叶枯病。

2. 症状

叶部受感染后，形成小病斑，病部干枯，高湿条件下，黑色霉层布满枯叶。

3. 预防

加强管理，清除病叶，减少侵染来源，病初喷2～3度石硫合剂进行保护。

4. 治理

开花前喷65%代森锌1000倍，70%托布津1500倍液，控制病菌侵染。

四、香石竹黑斑病（图2-412、图2-413）

1. 病原

香石竹链格孢 *Alternaria dianthi* Stev. Et Hall. 和香石竹生链格孢 *A. dianthicola* Neergaurd。前者是主要病原菌，国内普遍发生，危害严重；后者国内少见。

2. 症状

叶片是主要受害部位，多从下部叶片开始发病。初期，叶片上产生浅绿色、水渍状斑点、随后变为紫色或褐色。中心部分为灰白色。病斑呈近圆形、椭圆形，或叶尖枯不规则形。病斑产生于叶缘处，同时叶片向病部扭曲。随着病斑不断的扩大，整个叶片枯萎下垂，但久不脱落。病部产生黑色霉层。

病菌亦可危害枝茎，多从枝条分叉处和摘芽伤口部位发病。病斑灰褐色，不规则长条形。当病斑环绕茎或枝条一周时，其上部叶片萎蔫枯死。病部产生黑色霉层。

病菌侵害花蕾时，花柄上产生坏死斑，花蕾枯死；花苞受侵染，病斑椭圆形，花瓣不能正常开放，向一侧扭曲，呈畸形花。

香石竹叶斑病从4月上旬起到初冬均可发生,温室内可全年发病。上海梅雨季节和9月台风季节发病迅速,危害严重;露地栽培比温室栽培发病重;植株新叶发病较少,下部老叶发病早而多;病菌在田间还能存活到第二年冬季,故连作病重,风雨连绵天气,会造成毁灭性损失,轮作病轻。

香石竹种和品种不同,发病程度存在着差异。据国外报道,草体柔软,叶形较宽的大花朵品系较易感病。

3. 预防

香石竹叶斑病在土壤中病残体上越冬;病残体上的分生孢子也可以越冬。清除病残体,秋末翻耕土壤,以减少侵染来源;实行两年以上的轮作制度;引进抗病品种;改进浇水方法,变喷灌为浇灌;污染的土壤消毒处理。热力消毒,量少时在消毒锅中消毒2h;药剂处理,70%五氯硝基苯1000倍液消毒;插条消毒。香石竹扦插前,用10%"401"的1000倍液浸泡1h或用高锰酸钾1000倍液浸泡10min,再用水冲洗后栽植。

4. 治理

苗圃控制病害。摘芽作业后,及时喷药防治。波尔多液(1:0.5:100);75%代森锌500倍液;50%代森铵1000倍液。

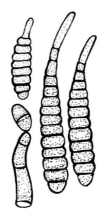 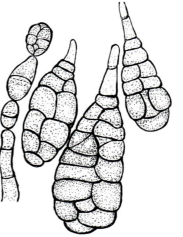

2-412a | 2-412b
2-413

香石竹黑斑病症状

香石竹链格孢 *Alternaria dianthicola*(左)与香石竹生链格孢 *A. dianthi*(右)

2-414 | 2-415

香石竹褐斑病
壳针孢 Septoria spp.

五、香石竹褐斑病 (图2-414、图2-415)

1. 病原

石竹白疱壳针孢 Septoria dianthi Desm.（孢子一分隔）；破坏壳针孢 S.sinarum Speg. 孢子（有1～2分隔）；石竹生壳针孢 S.dianthicola Sacc.〔孢子无分隔（即单细胞）〕。三个种混合侵染，以第二、三个种比重大。

2. 症状

病菌危害叶片和茎干，病斑近乎圆形，淡褐色，边缘带有浅紫褐色。病斑上产生黑色小粒点，即为病菌子实体。

植株下部叶片发病较多。由于病斑不断扩大，阻碍了营养和水分的输送，造成叶尖死亡。病菌孢子经灌溉水和雨水传播。

3. 预防

摘除病叶，拔除病株，集中销毁；为使植株生长健壮，抗病力强，要创造良好的栽培条件，如良好的排水，充足的阳光，腐殖质丰富，微碱性的黏质土壤等；温室栽培时，尽可能保持叶片干燥，减少传播和侵染条件。

4. 治理

生长期间，植株喷布波尔多液（1:0.5:100），70%福美铁1000倍液等化学杀菌剂防治。

六、香石竹白斑病 (图2-416)

1. 病原

石竹壳针孢 *Septoria dianthi* Desm 和石竹生壳针孢 *Septoria dianthicola* Sacc.（见图2-415孢子无分隔和一分隔）两个种混生，以石竹壳针孢为主要病原菌侵染而致。

2. 症状

病菌危害叶片和茎干，病斑近乎圆形，白疱状色浅，边缘略带有浅紫色。一片叶上有几百个疱斑，病斑上产生黑色小粒点，即为病菌子实体（病症）。

植株下部叶片发病较多。由于病斑不断扩大，阻碍了营养和水分的输送，造成叶尖死亡。病菌孢子经灌溉水和雨水传播。

3. 预防

摘除病叶，拔除病株，集中销毁；为使植株生长健壮，抗病力强，要创造良好的栽培条件。如良好的排水、充足的阳光、腐殖质丰富、微碱性的黏质土壤等；温室栽培时，尽可能保持叶片干燥，减少传播和侵染条件。

2-416 香石竹白斑病症状

4. 治理

生长期间，植株喷布波尔多液（1:0.5:100），70%福美铁1000倍液等化学杀菌剂防治。

七、香石竹根腐萎蔫病

1. 病原

担子菌亚门层菌纲伞菌目小蜜环菌属小蜜环菌 *Armillariella mellea* (Vahl ex Fr.) Karst.（参见图2-197和图2-345）的真菌引致。子实体蘑菇形，伞状丛生，菌柄中生有菌环或无。其菌丝菌索黑色丰富，生长迅速。

2. 症状

在温室种植的香石竹受到这种根腐菌菌索侵染时，发生萎蔫和死亡。

3. 预防

该菌腐生性强，菌索可以在土内延伸，但接触健康的根时，可直接侵入根内或从伤口侵入，衰弱株又有伤口时，极易受害，生长势强的香石竹很少受侵染。清除病株及病残体，集中销毁；污染的土壤用巴氏热力灭菌；用肥沃和排水良好的土壤栽植，令其根系生长健壮，提高抗病力。

4. 治理

参见牡丹疫病防治方法。

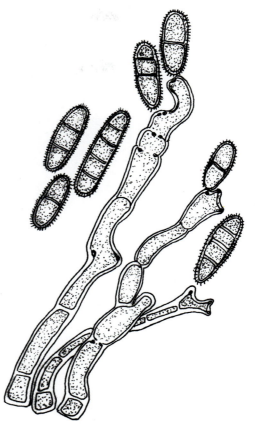

香石竹灰斑病症状

刺状疣蠕孢 Heterosporium echinulatum

八、香石竹灰斑病（图2-417、图2-418）

1. 病原

半知菌亚门丝孢纲丛梗孢目暗色孢科疣蠕孢属的刺状疣蠕孢 Heterosporium echinulatum (Berk.) Cooke 的真菌引致。

2. 症状

叶上病斑近圆形，初为灰白色，最后变为黑褐色，外有一晕圈，病健交界处不明显，斑点可多个合成大斑，斑中部下凹，其内干燥时生有许多小黑点（病症）。潮湿或保湿条件下病部产生灰黑色霉层并腐烂。

3. 预防

病菌在病残体及土壤中越冬，借气流和雨水传播，多雨潮湿季节发病重，清除病残体并烧毁，大棚内注意通风透光，提高抗病能力。

4. 治理

发病初期可喷0.5%波尔多液，或75%达科宁可湿性粉剂600倍液，或75%百菌清可湿性粉剂800倍液。

九、香石竹黑粉病（图2-419、图2-420）

1. 病原

担子菌亚门冬孢菌纲黑粉菌目黑粉菌属的花药黑粉菌 *Ustilago violacea*（Pers.）Rouss.的真菌引致。

2. 症状

石竹科的很多种容易遭受花药黑粉菌的侵染。香石竹诺劳顿（*Noroton white*）品种极易感染花药黑粉病。主要危害花药，露出黑色粉末状物（病症），全株各部位均能发生，致使全株枯死。

3. 预防

病菌在病株上越冬，第二年产生厚垣孢子由风进行传播。

4. 治理

发现个别花药出现黑粉，立即拔除烧毁，并喷洒75%达科宁可湿性粉剂600倍液保护石竹的周围园圃。

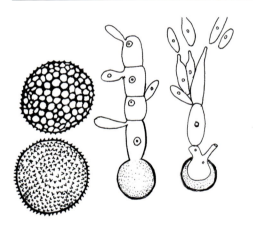

2-420
2-419

花药黑粉菌 *Ustilago violacea*
香石竹黑粉病症状

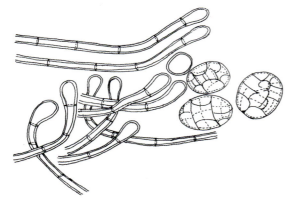

2-421a | 2-421b
2-422

石竹花腐病症状
匍柄霉 *Stemphylium* sp.

十、石竹花腐病 (图2-421、图2-422)

1. 病原

灰葡萄孢 *Botrytis cinerea* Pers.（参见图2-23、图2-55）和匍柄霉 *Stemphylium* sp.的真菌引致。

2. 症状

主要侵染花，引起花外围花瓣出现水渍状斑点。空气湿润时长出灰白霉层的灰葡萄孢，长出黑绒状物的是匍柄霉，经常是两者混生，在一个病灶上。

3. 预防

发病前喷施低浓度的防病药剂（如65%代森锌1000倍液），并保持大棚通风透光。

4. 治理

插条可用50%克菌丹800倍液或65%代森锌500倍液等浸蘸或喷布，防治腐烂发生。

十一、香石竹贮藏腐烂病（图2-423）

1. 病原
灰葡萄孢 *Botrytis cinerea* Pers.（参见图2-23、图2-55）的真菌引致。

2. 症状
香石竹采摘后的各个时期都可以遭到灰霉菌侵染。外围花瓣出现水渍状斑点。贮藏插条的茎腐也是由这种病菌引起的。

3. 预防
香石竹采摘贮存前先喷布低浓度的防病药剂（如65%代森锌1000倍液），并事先对贮藏场所消毒，保持通风、干燥和较低温度。

4. 治理
插条可用50%克菌丹800倍液或65%代森锌500倍液等浸醮或喷布，防治腐烂发生。

十二、香石竹锈病（图2-424～图2-426）

1. 病原
石竹单胞锈菌 *Uromyces dianthi* Niessl。

2. 症状
锈病是露天和大棚栽植香石竹很普遍的病害。在叶片的两面以及茎和花芽上长有黄褐色和褐色、粉状孢子堆，长度在1.5～8cm，覆盖在植物表皮上。当夏孢子堆成熟时，放出大量的夏孢子，进行反复侵染。秋季，受侵染植株上，大量的暗色冬孢子堆出现，内含冬孢子而过冬。受侵害的植株，常常矮化，叶片向上卷曲。除侵染香石竹外，还侵染美国石竹和中国石竹。

每年春季，冬孢子萌发后，产生担子和担孢子。担孢子侵染大戟属植物，其叶上形成性孢子器和锈子器。锈孢子侵染石竹叶片和嫩枝等部位。

3. 预防
大棚应保持在10～15℃之间，这种温度不适合锈菌发展，可控制病害；避免通过浇水传播病菌；必要浇水时，应在晴朗，阳光充足的天气下进行；从无病植株上采取插条。清除病残体并销毁，以减少侵染来源。清除石竹基地附近（1km）的大戟科属（*Euphorbia*）植物，如银边翠虎刺梅、一品红、一品白等。

4. 治理
植物叶面用化学药剂保护，阻止病菌侵染。选用50%萎锈灵1000倍液，65%代森锌600倍液，15%粉锈宁800倍液防治。

2-423	
2-424a	2-424b
2-425	2-426

香石竹贮藏腐烂病
香石竹锈病症状
香石竹锈病症状
单胞锈 *Uromyces dianthi*

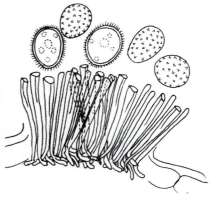

十三、香石竹溃疡病（图2-427～图2-430）

1. 病原
黄萎轮枝孢 *Verticillium albo-atrum* Reinke et Berth.（参见图2-16）的真菌引致。

2. 症状
地上部叶缘和叶脉初变黄后发生萎蔫，叶缘和叶脉间变色逐渐干枯凋萎，枝干处出现纵向开裂，表面散生白色菌丝和针头大小的小菌核。病菌或菌核在土壤和病残体中越冬，通过伤口和表皮直接侵入。有的病株矮缩，黄化。

3. 预防
及时清除并销毁病残体，选用无病繁殖材料；进行土壤处理。

4. 治理
植物叶面用化学药剂保护，阻止病菌侵染。选用50%萎锈灵1000倍液，65%代森锌600倍液，15%粉锈宁800倍液防治喷洒植株或灌根。

2-427	2-428
2-429	2-430

茎溃疡病初期症状
茎溃疡病后期症状
茎基部溃疡病症状
茎基部溃疡病潮湿症状

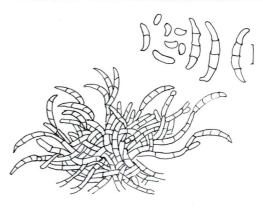

香石竹枯萎病症状

石竹尖镰孢 *Fusarium* sp.

十四、香石竹枯萎病（图2-431、图2-432）

1. 病原

石竹尖孢镰刀菌 *Fusarium oxysporum* Schlecht. f.sp. *dianthi* Snyd&Hans。

2. 症状

枯萎镰孢菌引起的植株生长异常，新枝发育迟缓，病菌通过伤口侵入植物根系或插条，一侧叶片先受害表现症状。叶片成浅黄色，茎变软，很易压倒。解剖观察，病组织处的褐色条纹或环带轮廓明显，其很易与健康部分相区别。

枯萎病菌为土壤习居菌，很易在土壤中存活。

3. 预防

拔除并销毁病株，尽力避免土壤污染，减少侵染来源；在除草和栽培管理中，避免伤害植株。有条件的地方，从温室生长的植株上取插条。

4. 治理

苗床被污染后，必须更换土壤或土壤消毒；用58%苯来特1000倍液处理土壤有效果。

十五、香石竹白绢病（图2-433、图2-434）

1. 病原
齐整小核菌 *Sclerotium rolfsii* Sacc.有性态：白绢薄膜革菌 *Pellicularia rolfsii*（Sacc.）West.（很少出现）。

2. 症状
白绢病多在近土表茎的基部发生，变褐软腐，切开病部，褐色腐烂有绢丝状物及茶褐色菌核，0.5～3mm，木质部也变色，有羽扇状白色菌丝覆盖，并蔓延到周围土壤表面。在病部及周围土表菌丝体上长成初为白色，后变黄褐色油菜籽大小的菌核，植株感染后引起根茎腐烂，最终整株倒伏死亡。

3. 预防
病菌以菌丝和菌核在土表层越冬，可营腐生生活，高温高湿易发病故适当通风，避免栽植过密，施用充分腐熟的堆肥；种植前用75%五氯硝基苯进行土壤消毒，用量10g/m^2。

4. 治理
发病严重时应拔除病株，并浇施75%五氯硝基苯500倍液对土壤消毒，用量3L/m^2。

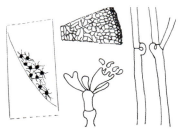

2-434
2-433

齐整小核菌 *Sclerotium rolfsii* 菌核，担子和担孢子（很少见到）

香石竹白绢病症状

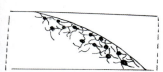

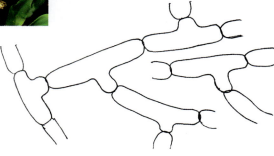

香石竹猝倒病症状

立枯丝核菌 *Rhizoctonia solani*

十六、香石竹猝倒病（图2-435、图2-436）

1. 病原

丝核薄膜革菌 *Pellicularia filamentosa*（Pat.）Rogers 其无性世代为立枯丝核菌 *Rhizoctonia solani* Kuhn. 前者不常见，后者只有菌丝和菌核，无孢子出现，系半知菌丝孢纲无孢目（科）真菌。

2. 症状

病菌侵染茎基部造成腐烂，初期白天萎蔫夜间恢复，后根基迅速溃烂，致使全株突然枯萎。在插条上，病菌引起软腐、湿腐，多开始于插条愈伤组织的顶端部分。病菌可以引起严重的环状腐烂。

3. 预防

土壤湿度过大，温度过高，有利于病害发展。在温暖的雨季，室外栽培的植株，病害更易流行，应注意通风透光增强植物抗病性。同时，拔除病株，清除病残体并销毁。

4. 治理

对生长着的香石竹，可用五氯硝基苯浇灌土壤。将75%五氯硝基苯可湿性粉剂37.3～186.5g溶于378.5L水中，施到约2亩地苗床上。

十七、香石竹芽腐病 (图2-437)

1. 病原
早熟禾镰孢 *Fusarium poae*（Peek）Wollenw.（见图2-432）。

2. 症状
可以通过花芽腐烂来识别香石竹芽腐病。病菌通过一种螨类在植株间传播。这种螨类也侵害各种草类，以致六月草"银顶"。

3. 预防
摘除并销毁所有烂芽。

4. 治理
清除或防治温室内或露地香石竹栽植区内杂草，并喷布杀螨剂（三氯杀螨醇，克螨特等）防治。

2-437 香石竹芽腐病症状

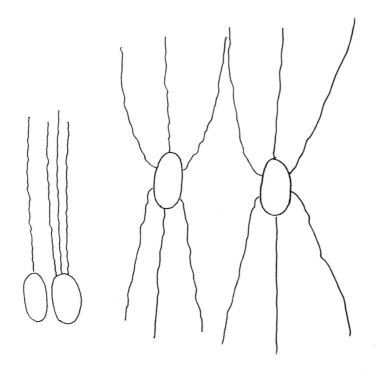

2-438 石竹科假单胞杆菌 *Pseudomonas* sp.（左）与石竹科欧氏杆菌 *Erwinia* sp.（右）

十八、香石竹细菌性枯萎病（图2-438）

1. 病原
石竹科假单胞杆菌 *Pseudomonas caryophylli* 和石竹科欧氏杆菌 *Erwinia carysanthemi*。

2. 症状
病株叶片变为浅灰绿色，而后黄化，很快死亡。茎基部附近，在维管束部位伤损组织上有黄色条纹，可以扩及到茎基或更高的部位。

在一些植株发生矮化，部分迅速萎蔫"弯脖"；在另一些植株上，侧枝弯脖和下部叶片扭曲、卷曲。这是由欧氏杆菌的一个生理小种引起的症状表现。

3. 预防
避免从有病植株上采取插条繁殖；不要把健株移栽到明显污染过的花盆里；彻底拔除病株，要认真销毁；病株不能用于堆肥。

4. 治理
最好从终年生长的温室中的植株上采取插条；插条可在高锰酸钾溶液中浸醮消毒后再栽植。农用链霉素1000倍液浸泡后栽植。

十九、香石竹细菌性斑点病

1. 病原
鬼笔假单胞杆菌 *Pseudomonas woodsii*（见图2-438左，极生鞭毛或多根，菌落白色）。

2. 症状
病菌侵染后，叶片形成典型的、长条形病斑。病斑周围浅灰色，后期变为褐色。一般情况下，病株很快死亡。用手持扩大镜观察，空气潮湿时病斑处有白色粒点，这是从气孔溢出的菌脓。每个斑点上可以有成千上万个细菌。

3. 预防
温室内栽植，保持叶片干燥和良好通风，可控制病害发生；拔除有病植株，减少病菌来源。

4. 治理
植株喷布硫磺粉、农用链霉素1000倍液等进行防治。

二十、香石竹矮化带叶病（图2-439）

1. 病原
带叶棒状杆菌 *Corynebacterium fasciens*，无鞭毛或极生一鞭毛。

2. 症状
引起香石竹植株矮化，叶片扭曲，其在香豌豆（*Lathyrus* L.）上症状更为明显。

3. 预防
温室内栽植，保持叶片干燥和良好通风，可控制病害发生；拔除有病植株，减少病菌来源。

4. 治理
参看香石竹细菌性斑点病防治。

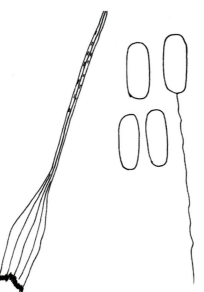

2-439 带叶棒状杆菌 *Corynebacterium* sp.

二十一、香石竹丘疹病

1. 病原

稻属黄单胞杆菌石竹变种 *Xanthomonas oryzae* var. *dianthi*（见图 2-438 左图极毛一根，形态相同，菌落带黄色）。

2. 症状

在叶片和茎上产生1mm大小，像丘疹状斑点，严重侵染的叶片枯萎和死亡。

3. 预防

彻底清除病株及病残体并销毁。

4. 治理

植株喷布化学杀菌剂和抗菌素保护如农用链霉素1000倍液，防治尚未见症状的石竹。

二十二、香石竹冠瘿病 (图2-440)

1. 病原

薄壁菌门革兰氏阴性好气菌根瘤科野杆菌属的土壤杆菌 *Agrobacterium tumefaciens* (Smith et Towns) Conn。

2. 症状

常在根颈部及根部产生大大小小的肿瘤，少数发生于茎部和枝。有时肿瘤呈结节状突起。植株受害后表现为生长不良，矮化，叶小，提早发黄脱落，花也瘦弱。

3. 预防

病原细菌通过伤口（虫咬伤、机械损伤等）侵入植株；病菌由水流传播。病菌寄主范围广。

4. 治理

(1) 烧毁有病植株。

(2) 不要在有病的苗圃再栽培石竹或经土壤消毒后再种植，保持苗圃地排水良好。

(3) 种植前将种子放置于链霉素（500万单位）溶液中浸泡2h，可以防治该病。

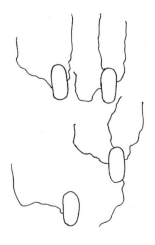

2-440　土壤杆菌 *Agrobacterium* sp.

二十三、香石竹病毒病（图2-441）

1. 病原

香石竹叶脉斑驳病毒Carnation vein mottle virus；香石竹条纹病毒Carnation streak virus；香石竹潜隐病毒Carnation latent virus；香石竹环斑病毒Carnation ring spot virus；石竹坏死斑点病毒Carnation necrotic fleck virus。

2. 症状

叶片上形成不规则的退绿斑，幼叶叶脉上有深浅不均匀的斑驳或坏死斑；老叶往往不出现症状，特别是冬季老叶症状不明显。粉红色花品种，花呈碎色，严重时花瓣卷曲；叶片上呈现黄色或红色斑点，并发生与叶脉平行的条纹；病毒在香石竹上无症状，但与香石竹叶脉斑驳病毒复合感染时产生花叶症；病毒在叶片上产生不规则的、灰色或黄色坏死斑或环斑。叶缘波纹状。

病毒通过嫁接、擦伤汁液传播；昆虫也传播。剑线虫、长针线虫可传播。

3. 预防

香石竹感染病毒后，应彻底拔除病株并销毁；香石竹是世界上主要的切花品种之一。在切花、剪取插条，摘芽等农事操作中，手和工具都要用肥皂水等药物消毒，防止接触传染。

4. 治理

香石竹感染病毒后，应拔除病株并销毁；对昆虫传染的花叶病和环斑病，应防除介体昆虫，用50%马拉松1000倍液，25%西维因800倍液等杀虫剂；根接触传染的斑驳病，应采取隔离种植，植株栽植不要过密等措施，减少接触传染；对通过刀具传染的环斑病，在植株整枝，剪取插条及切花等操作过程中，所用工具及手都要用肥皂水等消毒，防止接触传染。

2-441 香石竹病毒病症状

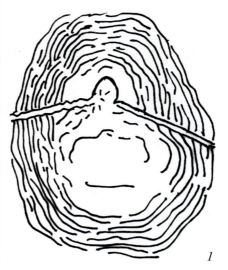

香石竹根结线虫病症状

爪哇根结线虫 Meloidogyne javanica 1-雌虫会阴花纹；2-雄虫头和尾

二十四、香石竹根结线虫（图2-442、图2-443）

1. 病原

病原为爪哇根结线虫 *Meloidogyne javanica*（Treub.）Chitwood，雌雄成虫异型。雌虫体白色呈洋梨形，有一突出的颈部。从肛门到口针的轴线近似直线，成熟的雌虫在根结表面产生数百个卵，卵椭圆形；雄虫线形。它们均可在60～100倍光学显微镜镜头视野中清晰可见（见图2-443）。

2. 症状

地上部分发育不良，根系中长有大小不等粗糙的瘤状根结，近圆形或椭圆形，白色，密集在根上成链珠状。地上部分生长不良的原因很多，但是否为根结线虫引起，只有挖起病株看到近圆形根结才能确认。当根结数量少时对地上部分影响不大。

3. 预防

加强检疫，病苗不出圃，防治病区扩大；种植土最好经过堆沤高温发酵和在高温下翻晒数次，可以消灭部分病原线虫；轮作；50℃热水浸泡带病植株10min，55℃5min。

4. 治理

发现严重病株要彻底铲除销毁，病土进行消毒。土壤可用50倍液福尔马林每平方米5kg，均匀地淋施后覆土，用塑料薄膜严密覆盖15天左右，然后揭开薄膜暴露于空气中1周后使用；轻病株可施药防治，埋施3%呋喃丹于根际，按每平方米5～10g计算用药，随即覆土，淋少许水，或施用3%米乐尔颗粒剂，按每平方米7～10g计算用药，也可按1:1比例拌粗沙施放，更容易操作。

第十节 大丽花属病害

一、大丽花灰霉病（图2-444）

1. 病原

半知菌亚门丝孢纲丛梗孢目丛梗孢科葡萄孢属灰葡萄孢霉 *Botrytis cinerea* Pers.（参见图2-23和图2-55），该菌寄主范围很广，引起许多观赏植物叶片和花器发生灰霉病。菌丝匍匐，灰色。孢梗细长，稍有色，不规则的星状分枝或单枝、树状分枝，顶端细胞膨大成球形，上生小梗，梗上生分生孢子，孢子聚集成葡萄穗状，孢子无色或灰色，单孢，卵圆形。其菌核黑色，不规则状。有性阶段为富可尔葡萄孢盘菌 *Botryotinia fuckliana* (De Bary) whezel，子囊盘淡褐色，稍有毛，2～3个束生于菌核上，盘直径1～5mm，其柄长2～10mm。有性阶段自然界较少发现。引起它们的花瓣、花蕊等花器的花腐病。

2-444 大丽花灰霉病症状

2. 症状

病原菌易在嫩叶、幼茎、花蕊花器上出现，初病寄主受害处，颜色变深，局部植物组织皱缩，进而产生湿腐（水渍状斑）并有浅灰色或灰白色絮状霉层（病症）。

3. 预防

寄主的嫩叶期或花期，遇上种植地有连绵阴雨天、空气湿度大、气候阴冷时较易产生该病流行。种植密度越大，品种连片时，病害越易流行。故应根据气象预报，在有寒流前2～3天，应及时对裸地苗圃加盖塑料薄膜（温棚）保暖和挡雨，同时较少淋水，尤其是不能采用从苗顶向下淋水，改用顺地沟灌，最好是寒流过后，天晴温高后才灌水。

4. 治理

易发生灰霉病和花腐病的植物在栽种时应采用高床培育，便于灌水和控水。水肥管理要合理，不能偏施氮肥，减少寄主嫩叶、嫩茎生长时期，加速寄主木质化，加强抗病性。上述易发生灰葡萄孢霉病害的植物，最好不要连片种植，需要连片种植时，要稀植，使之通风透光，减少发病，在温室或温棚内种植以上植物，要控制湿度，适时通风透光，注意少数植株发病时及时拔除病株并喷药保护，可喷硫磺粉剂，用喷粉器喷或用纱布袋装好，挂在温棚高处，使之自由散落。或50%多菌灵800～1000倍液或70%敌可松500倍液，透喷2～3次（隔8～10天1次）。

二、大丽花白粉病 (图2-445、图2-446)

1. 病原

蓼白粉菌 *Erysiphe polygoni* DC. 和二孢白粉 *E.cichoracearum* DC. 无性世代为粉孢霉 *Oidium* spp.，有性阶段在昆明少见。

2. 症状

植株下部叶片首先染病，叶片被覆白色霉层。叶片很快扭曲、脱落。该白粉菌属于纯外寄生类型，以吸器穿入植物表皮细胞，吸取植株体内营养。在苗床里，由于植株密集，菌量多，白粉病菌可能侵染危害。每年约于9～10月发病。病菌在病株及病残体上越冬。

3. 预防

清除病叶及病残体，认真销毁；苗床通风要好，避免密度过大。

4. 治理

可喷布50%苯来特1000倍液，50%代森锌1000倍液，15%粉锈宁800倍液等杀菌剂防治；利用无毒高脂膜200倍液防治，有利于环境保护和观赏。

观赏植物病害 诊断与治理

2-445a	2-445b
2-445c	2-445d
	2-446

大丽花白粉病症状

1- 白粉菌 *Erysiphe* sp.及
2- 粉孢霉 *Oidium* sp.

三、大丽花萎蔫病（图2-447～图2-449）

1. 病原
黄萎轮枝孢 *Verticillium albo-atrum* Reinke（大丽轮枝孢 *V. dahliae*）和镰孢菌 *Fusarium* sp.。

2. 症状
这类土壤真菌侵入植株根部，沿输导组织出现褐色或黑色条纹。由于真菌产生大量孢子和毒素伤害植株活组织，使导管堵塞，致使水分供应不足，造成植株萎蔫。

病菌存活于土壤中，很少浸染上部叶片和茎部，甚至在植株死后亦如此。

3. 预防
种植前应切除块茎腐烂变色部分，用健康块茎繁殖新株；及时拔除病株，清理病残体；不用病残体进行堆肥；实行轮作倒茬是有效防治措施。

4. 治理
污染的土壤用热力灭菌和化学处理。5%多菌灵每亩1kg，拌细土撒施。

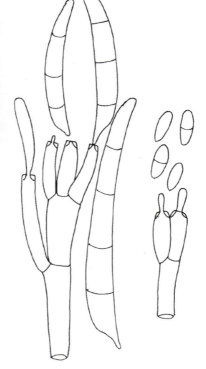

2-447a	
2-447b	2-448	2-449

大丽花萎蔫病症状

大丽轮枝菌 *Verticillium dahliae*

镰孢菌 *Fusarium* sp.

四、大丽花茎腐病（图2-450、图2-451）

1. 病原

鞭毛菌亚门卵菌纲霜霉目腐霉科（属）的德巴利腐霉 *Pythium debaryanum* Hesse；担子菌亚门层菌纲胶膜菌目（科）薄膜革菌属的丝核薄膜革菌 *Pellicularia filamentosa*（Pat.）Rogers，其无性态为：立枯丝核菌 *Rhizoctonia solani* Kühn（参见图2-436）。

2. 症状

大丽花种植在潮湿病土中，经常会突然萎蔫、死亡。这种病出现萎蔫症状比轮枝菌萎蔫更快。病菌侵染主茎和植株基部的分枝，茎干上长满白色霉层（病症）。在茎的一侧产生大量的黑色菌核（病症）。在繁殖房内，病菌可侵染幼小的植株，引起萎蔫和腐烂。被侵染的主茎呈水渍状。

3. 预防

有条件时，每年实行轮作倒茬；严重污染的土壤应弃之不用，可用珍珠岩、蛭石或炉渣的混合物代替，营养液浇灌。植株栽植不能过密，在排水良好的条件下，可减轻病害。

4. 治理

污染的土壤可用热力灭菌或化学灭菌处理。50%五氯硝基苯每亩1kg，拌和细土撒施。

大丽花茎腐病症状

德巴利腐霉 *Pythium debaryanum*

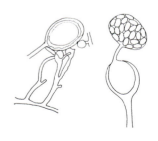

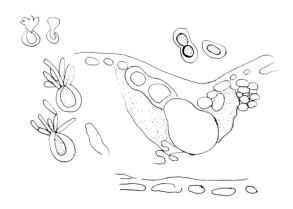

2-452	2-453a
2-453b	2-454

大丽花黑粉病茎上症状

大丽花黑粉病叶上症状

大丽花叶黑粉菌 *Entyloma dahliae*

五、大丽花黑粉病（图2-452～图2-454）

1. 病原

担子菌亚门冬孢菌纲黑粉菌目叶黑粉菌属大丽花叶黑粉菌 *Entyloma dahliae* Syd. 的真菌引致。孢子多半是单个的，不排列成球，保持在寄主地上部位细胞中，形成明显的病斑，成熟时借物理作用释放孢子进行传播。

2. 症状

在潮湿的天气，叶片上出现较为清晰的圆形斑。初为黄绿色，渐变为淡褐色斑。病部变褐干枯。病菌在叶组织内形成担子，在叶表外形成担孢子。担孢子经气流传播。最后病部组织死亡脱落，叶部形成穿孔症。

3. 预防

清除有病植株，彻底烧毁，不要乱丢弃；选育和栽培抗病力强的品种。

4. 治理

植株喷布15%粉锈宁800倍液等杀菌剂防治。

六、大丽花斑点病（图2-455、图2-456）

1. 病原

大丽大尾孢 *Cercospora grandissima* Rangel（*C. dahliae* Hara）引致大丽花斑点病。

2. 症状

发生在叶表面，开始为淡黄色小点，后形成近圆形病斑，中间下陷，灰白到浅褐色，周围有轮纹，红褐色。潮湿条件下，病斑产生灰黑色霉状物（病症），即病菌的子实体（多在叶正面）。

3. 预防

摘除病叶并销毁；注意通风、排水、施肥，加强管理；冬季收挖时注意场地枯叶的清除。减少初侵染来源。

4. 治理

发病时喷洒80%代森锌、50%代森锰锌500倍液或1%的波尔多液，隔10天喷1次。

2-455a / 2-455b 2-456

大丽花叶斑病症状

大尾孢 *Cercospora grandissima*

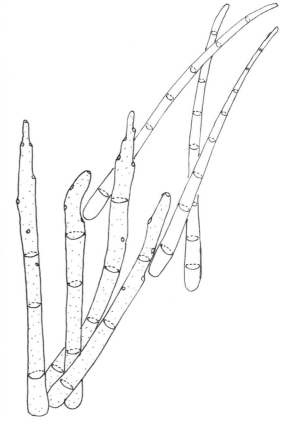

2-457a | 2-457b
2-457c | 2-458

大丽花茎腐病症状

终极腐霉 *Pythium ultimum*

七、大丽花腐霉茎腐病 (图2-457、图2-458)

1. 病原

鞭毛菌亚门卵菌纲霜霉目腐霉科（属）的终极腐霉*Pythium ultimum* Trow的真菌引致。

2. 症状

大丽花种植在潮湿病土中，经常会突然萎蔫、死亡。这种病出现萎蔫症状也比轮枝菌萎蔫更快。病菌侵染主茎和植株中部的分枝，茎干上长满白色霉层（病症）。在繁殖苗床上，病菌可侵染幼小的植株，引起萎蔫和腐烂。受侵染的主茎呈水渍状（病状）。

3. 预防

有条件时，每年实行轮作倒茬，改种其他植物2～3年后再种大丽花。植株栽植不能过密，在排水良好的条件下，可减轻病害。

4. 治理

污染的土壤可用热力灭菌柴草烧土，三烧三挖或化学药物灭菌。50%五氯硝基苯每亩1kg，拌和细土撒施。或2%～3%硫酸亚铁拌细土，每亩撒100～150kg或用3%溶液，每亩施90kg。在酸性土壤中，每亩撒施石灰20～25kg。

八、大丽花轮纹病（图2-459、图2-460）

1. 病原

半知菌亚门腔孢纲球壳孢目（科）叶点霉属大丽花生叶点霉 *Phyllosticta dahliicola* Baun. 分生孢子小于15μm的真菌引致。

2. 症状

叶上产生近圆形灰褐色病斑，待病斑近于干枯时，中心灰白色斑上生有轮纹状排列的小黑点的病症即病菌的分生孢子器，病健处有褐色微突起的分界线。

3. 预防

摘除病叶并销毁；注意通风、排水、施肥，加强管理；冬季收挖时先将场地枯叶清除。减少来年的初侵染源。

4. 治理

发病时喷洒80%代森锌、50%代森锰锌500倍液或1%的波尔多液，隔10天左右喷1次。

2-459a | 2-459b
2-460

大丽花轮纹病症状

大丽花生叶点霉
Phyllosticta dahliicola

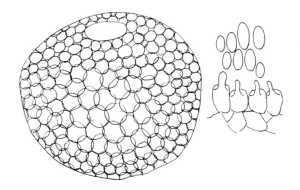

九、大丽花褐斑病（图2-461～图2-463）

1. 病原

真菌门半知菌亚门丝孢纲丛梗孢目（科）交链孢属的链格孢 *Alternaria alternate*（Fr.）Keissl. 和子囊菌亚门腔菌纲座囊菌目（科）球腔菌属一个种 *Mycosphaerella* sp.。

2. 症状

病叶生褐色不规则形病斑，边缘深褐色隆起。中央灰褐色似有同心轮纹，空气湿度大时，可见到深褐色至黑色小点病症（球腔菌子实体），用放大镜看病症，叶背多有黑色绒毛状物病症（链格孢霉层），病斑可联合成大枯斑。

3. 预防

重病区避免连作，初见病叶时及时剪除销毁，减少病菌来源，施用腐熟肥料，注意通风、排水、施肥，加强管理。

4. 治理

冬季清园后，烧除所有地面上的病残体和落叶；发病时喷洒80%代森锌、50%代森锰锌500倍液或15%亚胺唑可湿粉2000～3000倍液，隔10天左右喷1次。

2-461a	2-461b	2-461c
2-461d	2-461e	2-463
		2-462

大丽花褐斑病症状
球腔菌 *Mycosphaerella* sp.
链格孢 *Alternaria alternate*

十、大丽花茎枯病（图2-464、图2-465）

1. 病原

半知菌亚门腔孢纲球孢目（科）精壳孢属的毛精壳孢 *Chaetospermum chaetosporum*（pat.）Smith分生孢子器直径400~2000μm，分生孢子梗（10~30）×2μm。分生孢子（26~45）×（8~15）μm，附属丝3~10根，长达45μm。寄生于大丽花茎、枝和叶上。据资料尚能侵染欧洲桤木，大果柏木，油棕，李属，可可等植物。

2. 症状

寄生在茎和枝上引起枝徒长，叶片畸形逐渐变褐色，早衰，枯萎等症状，后期在枯死枝上见到黑色点粒状物，散生（病症）。

3. 预防

重病区避免连作，初见病叶病枝时及时剪除销毁，减少病菌来源，施用腐熟肥料，注意通风、排水、施肥，加强管理。

4. 治理

冬季清园后，要烧去所有病残枝、叶和植株，选无病根茎留种。发病时喷洒80%代森锌、50%代森锰锌500倍液或15%亚胺唑可湿粉2000~3000倍液，隔10天左右喷1次。

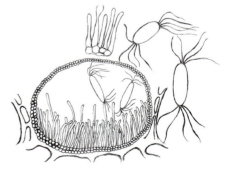

2-464a | 2-464b
2-465

大丽花茎枯病症状

毛精壳孢 *Chaetospermum chaetosporum*

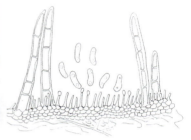

2-466a | 2-466b | 2-466c
2-467a | 2-467b | 2-468

大丽花炭疽病症状

大丽花炭疽病小枝症状

束状刺盘孢菌
Colletotrichum dematium

十一、大丽花炭疽病（图2-466～图2-468）

1. 病原

半知菌亚门腔孢纲黑盘孢目黑盘孢科刺盘孢属的束状刺盘孢 *Colletotrichum dematium*（Pers.）Grove引致。该病原可引起90种寄主受害。它有潜伏侵染的特性。

2. 症状

病叶叶尖多白斑，常从叶缘开始受害。病斑半圆形至不规则形，污褐色至灰褐色。病斑隐约呈轮纹状，外围有时呈现黄晕。空气湿度大时，病斑的小黑点上呈现粉红色小点的病症（分生孢子堆）。

3. 预防

病菌以菌丝体或分生孢子盘在病斑上或病残体（土壤）中存活越冬。在南方病菌可全年活动，分生孢子借风雨传播侵染致病。寄主有伤口，或高温多雨天气，或园圃透性差，或偏施氮肥的圃地，多染此病。实行配方施肥，及时收集病残落叶烧毁。保持圃地卫生。

4. 治理

选种抗病品种，合理密植。发病时加大株行距，清沟排渍。常发病园圃应在新叶抽出期开始喷药预防。可喷80%炭疽福美可湿性粉剂800倍液，或50%施保功可湿性粉剂，或50%施宝悬浮剂1000倍液，或喷施75%百菌清+70%托布津可湿性粉剂（1∶1）1000～1500倍液。每7～10天1次，交替施用，喷匀喷足。连续2～3次，喷药后若下雨，晴天后补施。

十二、大丽花花腐病（图2-469、图2-470）

1. 病原

半知菌亚门丝孢纲丛梗孢目丛梗孢科小卵孢属的一个种 *Ovularia* sp. 引致。

2. 症状

花蕾或初开花朵染病后，出现针头大小的斑点，迅速扩大并连片。有色花上呈白斑，白色花上呈褐斑，逐渐产生水渍状坏死斑，病斑呈不规则状坏死，呈湿腐状。在温暖潮湿的小气候中，尤其是连绵细雨后转暖的天气里。有微伤（虫伤或机械伤口）即发病。

3. 预防

改善圃棚通风透气条件。及时收集病残落蕾，落花烧毁。保持圃地卫生。

4. 治理

花蕾期到来之前，根据气象预报是否有降雨等情况及时喷药杀菌，减少病源。可喷施40％多硫悬浮剂600倍液，或40％三唑酮可湿性粉剂1000～1500倍液，交替施用，若同时有细菌性花腐出现。应把防细菌和防真菌花腐病的药物混合喷施。对细菌性花腐，可喷72％农用硫酸链霉素可溶性粉剂3000～4000倍液，或30％氧氯化铜悬浮剂600倍液等。

2-469a | 2-469b | 2-470

大丽花花腐病

小卵孢 *Ovularia* sp.

  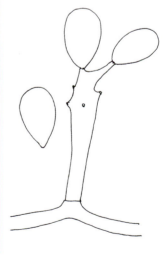

2-471　小丽花叶疫病症状

十三、小丽花叶疫病（图2-471）

1. 病原

德巴利腐霉 *Pythium debaryanum* Hesse（参见图2-451 *P. debaryanum*）的真菌所致。

2. 症状

主要危害叶和嫩茎，被害部分褐色腐烂，病害初发时植株生长不良，随着腐烂的发展，植株逐渐枯萎而死。在茎感病部位的表面，可见绢丝状的霉层为病症。

3. 预防

病原菌以卵孢子和厚垣孢子在病残体上越冬，卵孢子遇水萌发产生游动孢子囊，游动孢子借雨水溅散蔓延，所以避免在低洼地或排水不良的地方栽种。秋末冬初剪出枯枝落叶，减少侵染来源，并进行土壤消毒。

4. 治理

发病初期可喷施40%多硫悬浮剂600倍液，或40%三唑酮可湿性粉剂1000～1500倍液，交替施用，以保护新发叶片不再受病原菌侵染。

十四、小丽花白绢病 (图2-472)

1. 病原

半知菌亚门丝孢纲无孢目无孢科小核属的齐整小核菌 *Sclerotium rolfsii* Sacc.（参见图2-299、2-369 *Sclerotium rolfsii*）引致。

2. 症状

白绢病株根颈部及主干基部布满一层灰白色绢丝状菌丝和后形成黄褐色油菜籽大小的菌核（病症），植株感染后引起根茎腐烂，最终整株倒伏死亡。

3. 预防

病菌以菌丝和菌核在土表层越冬，可营腐生生活，高温高湿易发病。故适当透风，避免栽植过密，施用充分腐熟的堆肥；种植前用75%五氯硝基苯进行土壤消毒，用量10g/m²。

4. 治理

将根颈部土扒开晾晒；在病部纵向划道，并涂40%福美胂50倍液，或10%401或80%402的50倍液；发病严重时应拔除病株，并浇施75%五氯硝基苯500倍液对土壤消毒，用量3L/m²。

2-472 小丽花白绢病症状

2-473　大丽花冠瘿病症状

十五、大丽花冠瘿病（图2-473）

1. 病原

土壤杆菌 *Agrobacterium tumefaciens*（Smith and Townsend）Conn（参见图2-97）的细菌引致。

2. 症状

该菌寄主范围很广，包括59科的640余种植物。在大丽花基部和根上发生异常组织增生的大肿瘤。初期，肿瘤为灰色或略带肉色，光滑、质软。肿瘤逐渐变坚硬，表面粗糙，龟裂。肿瘤外部为褐色、深褐色；内部初为白色，后为褐色腐朽状。受侵染植株生长停滞、矮化，嫩枝细长。

病原细菌在肿瘤表层和土壤中越冬。细菌在土壤中可存活数月到一年多；地上部分的细菌可存活2~3年。细菌主要由伤口侵入，如虫伤、机械伤、嫁接伤等。细菌侵入皮层组织，并开始大量繁殖，附近的细胞受到刺激而加紧分裂，逐渐形成肿瘤。土壤湿度大，中性或弱碱性，为病原细菌提供了有利条件。

3. 预防

清除重病植株，并烧毁。轻病株，割除根和茎基肿瘤，然后1%硫酸铜液清洗5min，并将此液倒入种植穴中。实行轮作倒茬或土壤消毒，控制病害。

4. 治理

利用种子繁殖，建立无病留种圃。小植株或插条种植前消毒。用链霉素1000倍液泡根部30min；甲醇50份，冰醋酸25份加碘片12份混合后涂抹或浸醮；硫酸铜100倍液浸根5min。

十六、大丽花萎蔫病（图2-474）

1. 病原
假单胞杆菌 *Pseudomonas solanacearum*（参见图2-94）的细菌引致。

2. 症状
受侵染的植株通常是突然枯萎和萎蔫。当茎被切割时，细菌便可从植物组织中溢出。植株近土壤处产生湿腐和软腐病灶是其特征；这与轮枝菌和镰刀菌引致的真菌性萎蔫相区别。细菌在土壤中病残体上越冬。

3. 预防
拔除并销毁全部萎蔫植株。没有受侵染的植株，放入堆肥中堆沤是安全的；轮作倒茬是必需的有效防治途径。

4. 治理
被污染的土壤必须消毒。采用热力灭菌有柴草三烧法，即深翻土块垒高成条沟，沟内放柴草烧，挖三次。烧三次。或化学灭菌，40%甲醛40倍液，农用链霉素1000倍液浇灌土壤。

2-474 大丽花萎蔫病症状

2-475　大丽花软腐病病状

十七、大丽花软腐病 (图2-475)

1. 病原
欧氏杆菌 *Erwinia carotovora* var.*carotovora*（参见图2-307）的细菌引致。

2. 症状
植株受侵染后，茎变为褐色和软腐状。植株木髓和射线部位是湿润的，略带黑色腐烂状，并延伸扩展到皮部。如果用显微镜观察，可见到大量细菌团在游动。已腐烂的组织放出一种恶臭味。这种细菌也侵袭块茎。

3. 预防和治理
参看大丽花萎蔫病防治。

十八、大丽花细菌性徒长病 (图2-476)

1. 病原
缠绕棒状杆菌 *Corynebacterium fassians* Tilfordg Dows.（参见图2-439）革兰氏染色反应阳性（G⁺），菌体短杆状，有时呈棍棒状，球形或椭圆形。多单个生长，无鞭毛，不能游动，无荚膜和芽胞。

2. 症状
从植物的瘤状物上长出稠密的刷状物的徒长枝。

3. 预防
选择无病种苗。

4. 治理
清除病株，土壤消毒并进行三年以上的轮栽。

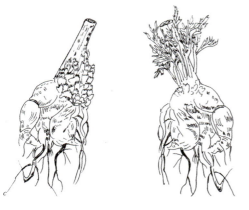

2-476 大丽花细菌性徒长病病状

2-477 大丽花病毒病病状

十九、大丽花花叶病毒病（图2-477）

1. 病原

病毒，毒源有大丽花花叶病毒Dahlia mosaic virus 简称（DMV），黄瓜花叶病毒、Cucumber mosaic virus 简称(CMV)和番茄斑萎病毒Tomato spotted wilt virus简称（TSWV）。三种病毒可分别侵染，也可协同侵染；TSWV常单独引致大丽花花叶病，或大丽花环斑病毒病。

2. 症状

病叶皱缩、卷曲、卷叶和缩叶至整株矮缩，有的皱缩处还出现黄绿斑驳状，有的病叶出现黄环状斑。有时可见到有蚜虫和叶蝉在受害植株上。夏天高温时有的大丽花虽带毒但不显症状（隐毒现象）；大丽花病毒病也称为环斑病。在叶片上表现症状，直到下一年才表现早期花叶和矮化的症状。

病毒通过病根和病芽嫁接传播，蓟马可以传毒。

3. 预防

勿从病区选繁殖材料。采用直播法栽培。

4. 治理

防治传毒害虫，用20%比虫啉可湿性粉剂1000倍液，或40%氧化乐果乳油1000～1500倍液，还可兼防白粉病喷施1～2波美度石硫合剂。及时拔除病株。对初病株喷叶面营养剂加0.1%肥皂液数次，每隔7～10天1次，有助钝化病毒，促进病植株恢复生长（应在摘除疑是病叶前后用温肥皂液洗手，处理完毕，才喷施药剂）。

第十一节　剑兰属（唐菖蒲属）病害

一、剑兰球茎及花苞软腐病（图2-478～图2-481）

1. 病原

接合菌亚门接合菌纲毛霉目（科）根霉属的少根根霉 *Rhizopus arrhizus* Fischer 的真菌引致。

2. 症状

贮藏期球茎及保鲜期的花蕾易受害，表生菌丝不多，种球先湿腐变软，水渍状，后病部渐变干腐，在变化过程中，病斑上生长出现许多暗绿色或黑褐色的大头针状物（即根霉的子实体）病症。

3. 预防

减少或不使种球受伤，病菌多由伤口侵入。种球用苯来特溶液（每3.8L的水中加50mL苯来特）浸20～30min，晾干，贮存。浸种前先把烂球、病球挑弃集中烧毁；只微伤的种球可放在30℃下处理12天左右，伤口愈合后再贮存。

4. 治理

挖种球时应尽力不使种球受伤，将无伤球茎贮藏在低温、低湿处。最好是在干燥的不易见光的场所里。常检查种球，有病的应尽快拣出处理，以免相互传染。

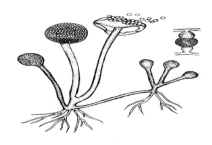

2-478	2-479
2-480	2-481

剑兰花苞软腐病早期症状
剑兰花苞软腐病后期症状
剑兰球茎软腐病症状
根霉 *Rhizopus* sp.

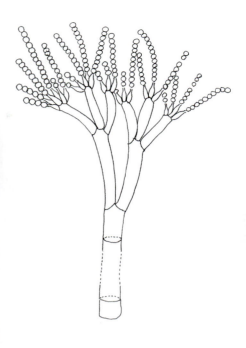

剑兰青霉花腐病症状
剑兰球茎受害症状
青霉 *Penicillium* sp.

二、剑兰青霉花腐病（图2-482~图2-484）

1. 病原

青霉 *Penicillium* sp. 和丛花青霉 *P. corymbiferum* 真菌的两个种引致。

2. 症状

在寒冷的贮藏期，青霉引致鳞茎缓慢腐烂，经几周时间鳞茎才烂掉，呈干腐状。在腐烂鳞茎上，孢子成团状时，呈现典型的青绿色。病菌从伤口侵入鳞茎；病菌也侵染花苞，其上长满青绿色霉层。

3. 预防

挖掘、包装鳞茎时，尽量避免碰伤鳞茎，以减少侵染机会；鳞茎运输、包装期间保持低温。在包装土中加入硫酸钙、次氯酸盐混合粉（每11.35kg土中加混合粉171g），可控制病害发生。

4. 治理

鳞茎消毒可用苯来特溶液（每4.5L 26.7~29.5℃水中加50mL苯来特）浸泡15~30min，晾干后贮存。

三、剑兰球茎干腐病 (图2-485、图2-486)

1. 病原
子囊菌亚门盘菌纲柔膜菌目核盘菌科座盘菌属的唐菖蒲座盘菌 *Stromatinia gladioli*（Massey）Whetzel.的真菌引致，它尚能侵染藏红花和小苍兰。

2. 症状
在田间球茎和叶片易受害。在贮藏室新挖来的正常球茎在潮湿的环境会呈现干腐状。田间受害植株基部黄褐色易腐烂。球茎病斑下陷，有近圆形，褐色或暗褐色病斑，病斑连合后可使整个球茎坏死至黑色并僵化状。最后长出菌核来。有两种菌核，一种薄而扩散，并产生褐色子囊盘；其直径约6mm；另一种小型黑色，其直径大小不到0.5mm。

3. 预防
在田间和贮藏室都能发病，若贮藏室湿度大，病害发生严重，故贮藏室一定要很干燥。温度小于5.5℃，可阻止相互传染。

4. 治理
将无病种球种在消毒后的土壤中。用蒸汽使土壤达到消毒，或化学药剂熏蒸达到灭菌效果才能播下种球。还可以采取轮作，最好是旱地变水田，改种水生植物2~3年，种球应用杀菌剂加30℃温水，浸20min，后晾干，干燥后才进库贮存。

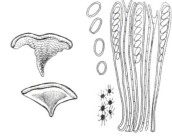

2-485 | 2-486

剑兰球茎干腐病症状
座盘菌 *Stromatinia gladioli*

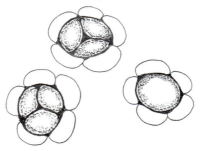

2-487
2-488

剑兰黑粉病症状

条黑粉菌 *Urocystis* sp.

冬孢子集结的孢子球和外围的不育细胞

四、剑兰黑粉病（图2-487、图2-488）

1. 病原
真菌门担子菌亚门冬孢菌纲黑粉菌目（科）条黑粉菌属的剑兰生条黑粉菌 *Urocystis gladiolicola* Ainsw. 引致。

2. 症状
叶片或球根鳞片生有黑色圆形突起疱状物，其内有大量黑色粉粒的病症（孢子相互粘在一起）病组织坏死。

3. 预防
病菌由土壤和气流传播，应尽早清除有病植株，在黑粉散布前烧毁，减少病源。连续2～3年，最好搞轮作。

4. 治理
淘汰有病的球根和疑似病球，建立健康种球生产种植地。播种前要对种球根进行消毒处理。

五、剑兰红斑病（图2-489、图2-490）

1. 病原
真菌门半知菌亚门丝孢纲丛梗孢目暗色孢科匍柄霉属的一种 *Stemphylium* sp. 引致。

2. 症状
叶上初现小而圆的黄白色半透明斑，斑中心红褐色，故称红斑病。品种Stoplight 和Casabanca极易感病，Picardy品种只中等感病。

3. 预防
高感病与其他品种隔离种植，分开管理，防止病原对抗病和轻度感病者逐渐适应。

4. 治理
除病叶，清除病株，集中烧毁，对高感病品种要喷施杀菌剂，如代森锌，百菌清和多菌灵等。

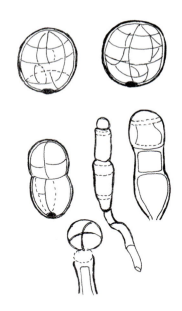

2-489a / 2-489b | 2-490

剑兰红斑病症状

匍柄霉 *Stemphylium* sp.

2-491 剑兰干腐病症状

六、剑兰干腐病（图2-491）

1. 病原

子囊菌亚门盘菌纲柔膜菌目核盘菌科（属）的剑兰核盘菌 *Sclerotinia gladioli* Drayt.（见图2-32、图2-256）的真菌引致。

2. 症状

受害位置在球茎上，呈干硬腐烂状，病状有红褐色斑，尤其在病斑边缘上颜色较明显。当种球种入土中，长出的病植株叶片易干枯，茎部产生红褐色斑，渐扩大，后转为白色，组织湿腐，其上长出白色絮状，并形成大量的黄豆大小的黑色菌核（病症）。湿度大时，受害部位变白，溃烂易断，受害皮层破裂呈乱麻状。在干燥气候条件下，病部干腐、硬化。

3. 预防

除了有病的种球外，病的初侵染源是带有菌核的土壤，病株的残落物和未腐的堆肥。病原菌在土中可存活5年左右。

4. 治理

播种前用10%食盐水+15%的硫酸胺水混合液冲洗种球消毒，也可用高锰酸钾（5%水溶液）消毒；注意田间卫生，清除菌核残物，最好翻土烧残物，使土壤加热杀死菌核或轮作（轮作应在2年以上）；田间出现病株时，可药剂防治，用50%多菌灵可湿性粉剂500~800倍液喷雾杀菌，还可用5%氯硝胺粉剂喷粉杀菌。

七、剑兰硬腐叶斑病 (图2-492、图2-493)

1. 病原
真菌门半知菌亚门腔孢纲球壳孢目（科）壳针孢属的唐菖蒲（剑兰）壳针孢 *Septoria gladioli* Pass. 引致。

2. 症状
秋季种球上有凹陷的圆形小红褐色斑，其边缘暗褐色微隆起，种球变硬，其鳞片上有硫黄色斑。当叶片受害时有近棱形的紫黑色斑，中央有许多黑色点粒状物（病症）。

3. 预防
该真菌能在土壤中的植物残余物里存活3年左右，瘠薄的土壤中，植株长势差更易感病，故应加强管理。培育健株是预防病害的先决条件，土壤消毒是保障。

4. 治理
留下健康种球保存在通风干燥处；栽培前最后一次认真仔细检查种球后进行表面消毒，可用1%石灰水或0.5%高锰酸钾浸种30分钟。再用清水冲净；植株在生长期初发病时，可喷布75%百菌清或0.5波美度的石硫合剂。

2-493 | 2-492

剑兰壳针孢 *Septoria gladioli*
剑兰硬腐叶斑病症状

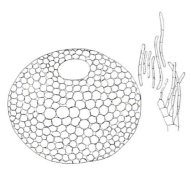

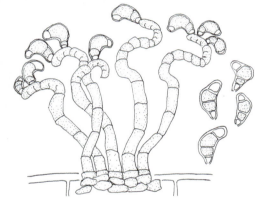

2-494a | 2-494b
         | 2-495

剑兰叶斑病症状
弯孢霉 *Curvularia* sp.

八、剑兰叶斑病（图2-494、图2-495）

1. 病原
真菌门半知菌亚门丝孢纲丛梗孢目暗色孢科弯孢霉属的唐菖蒲弯孢霉 *Curvularia trifolii* f. sp. *gladioli* Parmeke & Luttrell 引致。

2. 症状
叶和茎均易受害，病斑椭圆形棕黄色至深褐色，病斑内有暗褐色细绒毛状物（病症），严重时花朵不能开放。

3. 预防
拔除病株集中烧毁。

4. 治理
在病区流行年份，应保持喷洒杀菌剂，在花期前喷药2～3次，重点保护花穗。

九、剑兰干枯病（黄斑病，图2-496、图2-497）

1. 病原

真菌门半知菌亚门丝孢纲瘤座孢目（科）的唐菖蒲直喙镰孢 *Fusarium orthoceras* var. *gladioli* Linf.（见图2-499）引致。

2. 症状

受害株比健康株提前变黄和干枯不形成花蕾。在根茎和子鳞茎上先有黄色干枯斑，后有褐色软腐斑（病状），表面有粉红色霉状物（病症）。

3. 预防

栽种地的干湿度间歇性变化有利于尖镰孢菌的发生发展。病区土壤灭菌或更新土壤，或将剑兰种到无病区。

4. 治理

将初病根茎冲洗干净后，放在苯来特（4.5L 26.7～28.9℃温水中加50mL苯来特）溶液中，浸泡15～30min，然后迅速干燥。严重发病后应考虑轮作3～4年。

剑兰干枯病秆部受害症状
剑兰干枯病球秆部受害症状

剑兰干腐病症状

直喙镰孢 *F.orthoceras* (1)
剑兰尖镰孢菌 *Fusarium oxysporum* (2)

十、剑兰镰孢立枯干腐病（黄斑病，图2-498、图2-499）

1. 病原
剑兰尖镰孢菌 *Fusarium oxysporum* Schlecht. f. sp. *gladioli*（Massey）Snyd & Hans 引致。

2. 症状
田间感病幼嫩叶柄弯曲、皱缩、叶簇变黄、干枯，干部有不规则的棱形斑，红黄色，渐变为黄褐色腐烂。花梗弯曲，色泽较深，最终整株黄化枯萎。成长植株也常被感染，形成叶枯状。病叶呈黄褐色，由叶尖枯至叶的中上部。保湿后，可见白色细绒毛状物（病症）。

3. 预防
球茎处理参照剑兰球茎腐烂病预防。

4. 治理
已被侵染的苗可在前一天晚上放在水中预浸。然后在含5%酒精的53.3℃热水中浸30min，高温消毒或用高锰酸钾消毒种球。剑兰种植地采取2～3年轮作一次，可控制病情。

十一、剑兰叶枯和花腐病 (图2-500～图2-502)

1. 病原
真菌门半知菌亚门丝孢纲丛梗孢目（科）枝孢属的芽枝孢 *Cladosporium cladosporioides*（Fres.）de Vries，其寄主广泛。

2. 症状
病斑多在叶的边缘，呈紫红色条斑，斑的边缘云纹状，斑内有平整橄榄绿色的绒毛状物（病症）。花器水渍状软腐，其上长有许多暗灰色霉层（病症），花朵腐烂，病害传染迅速。

3. 预防
参考紫罗兰枝孢预防。

4. 治理
参考紫罗兰叶斑病治理。

2-500 剑兰花腐病症状
2-501 剑兰叶枯病症状
2-502 芽枝状枝孢 *Cladosporium cladosporioides*

2-503 | 2-505a | 2-506
2-504 | 2-505b |

剑兰褐色心腐病症状
剑兰褐色心腐病花蕊受害状
剑兰褐色心腐病干部受害状
剑兰褐色心腐病干部受害状
葡萄孢 *Botrytis gladiolirum*

十二、剑兰褐色心腐病（图2-503~图2-506）

1. 病原

真菌门半知菌亚门丝孢纲丛梗孢目（科）葡萄孢属的唐菖蒲葡萄孢 *Botrytis gladiolirum* Timm 和灰葡萄孢 *B. cinerea* Pers.，后者还能侵染鸢尾属，产生花腐病。其寄主非常广泛。

2. 症状

球根中心腐烂，其外部有灰白色较长的霉状物；叶受害呈褐色不规则斑，潮湿时长出灰白色较长的霉状物（病症）。叶斑上，花蕊斑点上及茎干上也密布灰白色长绒毛状物（病症）。

3. 预防

若病种球在低温（13~18℃）时阴干，又在冷湿条件下保存，则病原仍保留在其内部。

4. 治理

种球要精选，病球淘汰。

（1）种球要用高锰酸钾0.5%溶液消毒，清水洗净，晒干，并要放在通风处保存，温度6℃，相对湿度60%，还要经常拣出已发病的种球，剑兰开花期可喷0.5波美度石硫合剂1~2次。

（2）种植地排水良好，空气流通。

（3）及时摘除凋萎的花和病叶，清除病株，集中销毁。

十三、剑兰球茎腐烂病（图2-507）

1. 病原
真菌门半知菌亚门丝孢纲丛梗孢目（科）剑兰青霉 *Penicillium gladioli* Mach.（图2-484）引致。

2. 症状
腐烂球茎呈软腐状，有凹陷斑块。病斑淡红褐色（病状），球茎外被覆一层绿色霉层（病症）。空气湿度大时，传染迅速。

3. 预防
球茎要尽量避免伤口，刚收获的球茎，应放在30℃条件下处理10～15天，迅速干燥处理，伤口愈合后再贮存。贮温1.6～6℃，可阻止病菌侵染。

4. 治理
参照剑兰球茎软腐病的措施。

2-507 剑兰球茎腐烂病

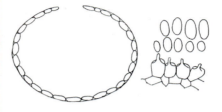

2-508a | 2-509
2-508b | 2-510

剑兰褐圆斑病叶部受害状

剑兰褐圆斑病花穗受害状

斑点叶点霉 *Phyllosticta commonsii*

十四、剑兰褐圆斑病 (图2-508～图2-510)

1. 病原

半知菌亚门腔孢纲球壳孢目（科）叶点霉属的斑点叶点霉 *Phyllosticta commonsii* Ell. et Ev. 分生孢子小于15μm的真菌引致。

2. 症状

主要危害叶片。叶斑褐色圆形，严重时小圆病斑连成大病斑（病状），病斑表面有细小的黑色小点（即病菌的分生孢子器，病征）。若在潮湿的环境下，叶片、苞叶、花穗提早腐烂坏死，在褐色的坏死斑上能长出棉絮状物（病症）。整株坏死腐烂。

3. 预防

病菌以菌丝体和分生孢子梗在病部或病残体上越冬，南方地区越冬期不明显。病菌的分生孢子借气流传播侵染。高湿多雨的季节有利于病害发生。

4. 治理

(1) 生长季节也要及时做好修剪、清园工作，收集病残落叶烧毁，清除侵染源。

(2) 经常发病的园圃在冬季清园后、翌年初春新叶抽生时，喷药进行保护，尤其注重清园后到翌年初春发病前的喷药保护。药剂可选用75%百菌清可湿性粉剂600～800倍液，或50%苯来特可湿性粉剂800倍液，或30%氧氯化铜＋70%代森锰锌可湿性粉剂（1∶1）800倍液，喷1～2次，药剂可交替施用。发病期间也可全面喷药1～2次，10天左右1次，喷匀喷足，保护再度萌生的新枝叶。

十五、拟盘多毛孢叶枯和花腐病（图2-511～图2-513）

1. 病原

半知菌亚门腔孢纲黑盘孢目（科）拟盘多毛孢属的一个种 *Pestalotiopsis* sp.（参见图2-53）的真菌引致。

2. 症状

病斑从叶尖向下沿主脉作三角状扩展；斑面红褐色。表面有细轮纹（病状）；病、健交界处界限不明晰，周围有黄色晕圈；后期病斑表面有小黑点（病症）。

3. 预防

病菌以菌丝体和分生孢子盘在病株或病残体中存活越冬，以分生孢子作为初侵染和再侵染源，借风雨传播，全年侵染，无明显的越冬期。天气温暖多雨或园圃通风透气不良有利于病害发生。偏施氮肥也易发病。

4. 治理

(1) 选用抗病品种。

(2) 精心护养。加强综合栽培管理、配方施肥、合理浇水、松土培土、喷药防病及修剪等。

(3) 发病前或发病初期及时喷药预防控制。发病前的预防可选用0.5%～1%石灰等量式波尔多液，或0.5～1波美度石硫合剂，或70%托布津＋75%百菌清可湿性粉剂（1∶1）1000～1500倍液，或40%多硫悬浮剂600倍液，或80%炭疽福美可湿性粉剂800倍液，或25%炭特灵可湿性粉剂500倍液，7～10天一次，2～3次或更多，交替喷施。

2-511 苞叶部受害症状
2-512 叶尖受害症状
2-513 叶枯病症状

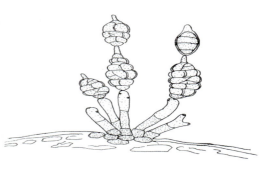

2-514 | 2-515
2-516 | 2-517

唐菖蒲叶尖枯后期症状
唐菖蒲叶尖枯早期期症状
唐菖蒲叶尖枯边缘症状
土生交链孢 *Alternaria humicola*

十六、唐菖蒲叶尖枯 (图2-514～图2-517)

1. 病原

半知菌亚门丝孢纲丛梗孢目暗色孢科交链孢属（链格孢属）的土生链格孢 *Alternaria humicola* Oudem. 引致，它是弱寄生菌。

2. 症状

病原菌侵染成长叶，在叶中部形成椭圆形至不规则状病斑，其边缘色深，中部色浅，边缘稍隆起，中央灰褐色似同心轮纹，空气湿度大时，可见到深褐色至黑色小点的连线，用放大镜看病症，多有黑色绒毛状物（病症）。

3. 预防

夏秋季，各种观赏植物易发生该病，尤其连绵雨水几天后，病叶易产生明显病症，以秋季发生较普遍，冬春季是防治的好时机。

4. 治理

病原物在病落叶上越冬，防治宜在秋末彻底清除落叶烧毁，减少次春病菌的初侵染来源；夏、秋季初病时，叶尖有不规则枯斑，可喷50%多菌灵800～1000倍液，或65%的代森锌500～800倍液，或70%托布津1000倍液进行治理。花未开放前喷2～3次，药剂交替使用，约7～10天一次。

十七、唐菖蒲茎基腐烂病（图2-518、图2-519）

1. 病原

半知菌亚门丝孢纲丛梗孢目（科）单端孢属的粉红单端孢 *Trichothecium roseum* (Bull.) Link的真菌引致。尚可引起桃、苹果和梨的褐色小圆斑病和扩大型腐烂病及棉铃红腐病。

2. 症状

茎基斑块状腐烂，易折断。干枯后产生白色至粉红色的粉霉状物。球茎症状与茎基相同；叶片发病时呈椭圆形灰白色至梭形污白色干枯斑（病状），湿润时可在病斑上看到白色至粉红色粉状堆（病症）。

3. 预防

该病菌在自然界中大量存在，以气流和雨水飞溅传播。该菌以菌丝体在病残体上越冬。病害在温暖多湿的地区和年份发生较重。在无病的植物标本压制过程中，只要没及时换纸，就能见到该菌种，夏季尤甚，它会促使标本腐烂。

4. 治理

(1) 加强管护，清除病株集中烧毁清除侵染来源。重点做好清园和排水工作，随即喷药进行保护。

(2) 加强栽培管理措施，合理施肥，适时灌水，并结合喷施叶面营养剂。

(3) 喷药预防，清园后喷药1次（1～2波美度石硫合剂）外，翌年新叶抽生时或始见病时分别喷药1～2次进行预防。药剂可用20%三唑酮乳油2000倍液，或45%三唑酮硫磺悬浮剂1000～1500倍液，或25%敌力脱乳油2000倍液，或12.5%速保利可湿性粉剂2000～3000倍液，或0.4～0.8波美度石硫合剂。交替喷施，喷匀喷足，可得到较好的效果。

2-518 | 2-519

唐菖蒲茎基腐烂病症状

粉红单端孢
Trichothecium roseum

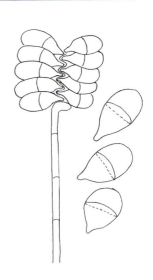

2-520　剑兰细菌性叶斑病病状

十八、剑兰细菌性叶斑病（图2-520）

1. 病原

细菌中的黄单胞杆菌 *Xanthomonas gumnisudans* 引致。

2. 症状

叶有不规则的水渍状斑，后干枯变褐色，最后整片叶布满病斑而死亡，湿度大时斑上有黄褐色黏性渗出物（病症）。

3. 预防

土壤和栽培容器消毒后才能使用，多施磷钾肥，适量施氮肥。

4. 治理

用400ppm农用链霉素或用10%多菌铜乳粉200～300倍液涂抹或注射到疑似病球中。

十九、剑兰花叶病 (图2-521)

1. 病原

病毒中的黄瓜花叶病毒 Cucumber mosaic virus 简称CMV。据资料，能侵染40～50种花卉和许多蔬菜，如鸢尾、兰花、小苍兰、香石竹、萱草、百日草、瑞香、金盏菊、水仙、福禄考、美人蕉、百合等。

2. 症状

病叶顺叶脉平行生成长短形深浅绿色相间条纹呈花叶状有时畸形，最后叶片变褐，枯萎。病花瓣呈现白、绿和花瓣原色混杂斑驳成杂色花，植株衰弱，茎杆短且弯曲畸形。

3. 预防

病毒的传播媒介是蚜虫和叶蝉，植株间摩擦可传播；球茎直接传到下一生长季；土壤中的病残体接触健康植株也可传染。CMV病毒致死温度70℃，体外保毒期3～6天。

4. 治理

设立无病苗种基地，及时防治桃蚜虫和其他蚜虫（可用50%马拉松1000倍液杀虫），消灭田间保毒株和残体。勿用过量氮肥，土壤干旱时应及时浇灌水。

2-521　剑兰花叶病病状

2-522 | 2-523

剑兰白斑病毒病叶受害状
剑兰花白斑病毒病病状

二十、唐菖蒲白斑病毒病（图2-522、图2-523）

1. 病原

菜豆黄花叶病毒 Bean yellow mosaic virus简称BYMV。线条形，（720～750）nm×（10～15）nm，风轮状，有束状内含体。致死温度50～60℃稀释限点10^{-3}，体外保毒3～4天。

2. 症状

病叶呈白色褪绿小条斑，有时呈多角形。严重时连成片状，叶片扭曲，植株矮小、黄化，花朵小。老叶底部则出现黄绿相间的斑纹。某些品种（粉红色）花瓣呈碎色状。早夏病叶明显，盛夏隐症，症状不明。

3. 预防

不种带毒小球（病株上的小球），唐菖蒲不要与菜豆、黄瓜、黄角榆、三生烟、心叶烟和曼陀罗等植物连片种在一起。注意杀死唐菖蒲上的蚜虫，工作时，操作前后用温肥皂水洗手。

4. 治理

清除病株，及时销毁可疑病株，减少种球传播。用50％马拉松，50％磷胺500倍液，或25％杀虫净400～600倍液；50％马拉硫磷800倍液等在卵孵盛期用。每隔10～15天1次，连用2～3次控制蚜虫。

二十一、剑兰生理性叶枯病（图2-524）

1. 病原
剑兰叶片焦枯病，是因为空气或水中的氟化物污染所致（故其对氟或氟化物特别敏感，已被国际上用作空气中氟浓度的监测植物）。

2. 症状
叶尖枯；叶半边或1/3～2/3全叶枯，叶尖叶缘出现红褐色至黄白焦枯条斑，条斑边缘色稍深，分界有的明显，条斑外围有些有黄晕，但病斑正反面均无真菌性或细菌性病害的症状。

3. 预防
磷酸盐肥料通常含有氟化物。若施入土中，剑兰根吸收后能引起叶尖焦枯，若将未开放的剑兰花穗插入含氟化物（0.5～3ppm）的水中，开花时花瓣边缘有焦枯状变色。品种抗性有明显差异。

4. 治理
注意选种耐氟污染的品种；选地要远离工厂和城镇；圃地适量增施石灰和硫酸钙，或补施含钙、锰、镁的盐类叶面肥，有助减轻氟毒害。

2-524　剑兰生理性叶枯病症状

第十二节 百合属病害

一、百合花腐和叶斑病（图2-525～图2-528）

1. 病原

半知菌亚门丛梗孢科葡萄孢属的椭圆葡萄孢 *Botrytis elliptica* (Berk.) Cooke 和百合葡萄孢 *B.liliorum* Hino 及灰葡萄孢 *B.cinerea* Pers. （参见图2-55）引致百合花腐和叶斑病。

2. 症状

病原菌易在嫩叶、幼茎和花蕊花器上出现，初病寄主受害处病斑呈圆形或椭圆形，淡黄至淡褐色，后来颜色变深，病斑中心淡灰色，边缘深紫色，逐渐扩大，在潮湿天气中，病斑相连使全株枯萎；在间隙性干燥天气中，局部植物组织皱缩，进而产生湿腐和水渍状斑。有淡灰色或灰白色絮状霉层。

3. 预防

寄主的嫩叶期或花期，种植地有连绵阴雨天、空气湿度大、气候阴冷时较易产生该病，种植密度越大，品种连片时，病害易流行，故应根据气象预报知有寒流将过时，应及时对裸地苗圃加盖塑料薄膜（温棚）保暖和挡雨，同时较少淋水，尤其是不能采用从苗顶向下淋水。改用顺地沟灌，应在寒流过后，天晴温高后才灌水。

4. 治理

在易发生灰霉病和花腐病的区域栽种时应采用高床培育，便于灌水和控水。水肥管理要合理，不能偏施氮肥，减少寄主嫩叶、嫩枝生长期，增强寄主木质化，加强抗病性。在发病季节，密切注意天气预报，若有寒流经过该区应及时采摘切花供应市场。使其稀植，使之通风透光，减少发病。在温室或温棚内种植的百合，要控制湿度，适当通风透光，注意少数植株发病时及时拔除病株并喷药保护，可喷50%多菌灵800～1000倍液或50%苯来特1000倍液，或65%代森锰锌500倍液，透喷2～3次（隔8～10天1次）。

2-525 百合花腐

观赏植物病害诊断与治理

2-526a
2-526b | 2-527 | 2-528

百合叶斑病症状
椭圆葡萄孢 *Botrytis elliptica*
百合葡萄孢 *B. liliorum*

二、百合红斑病（图2-529、图2-530）

1. 病原

半知菌亚门腔孢纲球壳孢目（科）刺杯毛孢属硬毛刺杯毛孢 *Dinemasporium strigosum*（Pers. ex Fr.）Sacc. 的真菌引致。

2. 症状

叶部病斑褐红色圆形，病健处分界明显，还有云纹状，中部颜色较深，并有细小的颗粒病症产生。

3. 预防

摘除病叶，清除落叶，并集中销毁；植株种植时注意通风透光。该病在昆明10月中旬后发生，应密切注视其发展动态。

4. 治理

幼苗可用波尔多液或多菌灵等杀菌剂定期喷洒保护。

百合红斑病症状

硬毛刺杯毛孢
Dinemasporium strigosum

三、百合黑圆斑病 (图2-531、图2-532)

1. 病原
鞭毛菌亚门卵菌纲霜霉目腐霉科腐霉属多个种 *Pythium* spp. 的真菌引致。

2. 症状
初期叶部出现褐色小点，后扩大成黑褐色圆斑，病健交界处明显空气湿润时，叶背和叶面病斑上有白色绒毛状物，病斑水渍状腐烂，多个病斑相连时，叶片溃烂。

3. 预防
病害初期摘除病叶，并集中销毁；植株种植时注意通风透光。

4. 治理
幼苗可用波尔多液或多菌灵等杀菌剂定期喷洒保护。

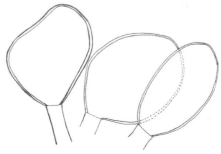

百合黑圆斑病症状图

腐霉菌 *Pythium* sp.

四、百合叶枯斑病（图2-533、图2-534）

1. 病原
半知菌亚门丝孢纲丛梗孢目暗色孢科枝孢属的芽枝孢 *Cladosporium cladosporioides* (Fres.) de Vries。

2. 症状
叶面呈现小病斑，后扩大成褐色圆斑，中心干燥，少数脱落成圆形空洞，病健交界处明显。多个病斑联合形成枯斑，在枯斑叶背常可见到灰黑色绒毛状病症。

3. 预防
初病期可摘除病叶，清除落叶，并集中销毁；植株种植时注意通风透光。发病期必须间去一些植株做切花或丢弃（先去病重的）。

4. 治理
幼苗可用波尔多液或多菌灵等杀菌剂定期喷洒保护。杀菌剂不要固定用一种，应交替使用。

2-533 | 2-534

百合叶枯斑病症状

芽枝孢 *Cladosporium cladosporioides*

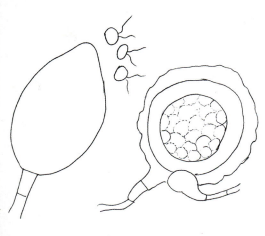

2-535a | 2-535b | 2-536

百合疫病症状

恶疫霉 *Phytophthora cactorum*

五、百合脚腐病 (疫病，图2-535、图2-536)

1. 病原

鞭毛菌亚门卵菌纲霜霉目腐霉科疫霉属的恶疫霉 *Phytophthora cactorum*（Leb.et Cohn）Schröt.和寄生疫霉 *Ph.parasitica*（Dast.）Waterh. 的真菌引致。

2. 症状

疫霉菌侵染百合近地表的根颈部。病部发生皱缩，植株枯萎，倒伏而死亡。

当球茎发芽时发生侵染，只有嫩茎尖端受害。残留的、带有叶丛的根茬，继续遭受侵染。

疫霉菌在土壤中的病残体上存活，在有伤口条件下易于侵染危害。土壤潮湿或排水不良，病害易发生。

3. 预防

拔除病株，清除病残体，并集中销毁；植株种植在排水良好的土壤中；大面积种植，可采取起垄栽植，减少病害发生；种植区除草或其他农事操作时，避免碰伤幼嫩根颈部。

4. 治理

鳞茎消毒可用苯来特溶液（每4.5L 26.7～29.5℃水中加50mL苯来特）浸泡15～30min，晾干后贮存。

六、百合青霉腐烂病（图2-537、图2-538）

1. 病原

半知菌亚门丝孢纲丛梗孢目（科）青霉属的刺孢圆弧青霉 *Penicillium cyclopium* Westl. 和丛花青霉 *P. corymbiferum* Westl. 的真菌引致。

2. 症状

在寒冷的贮藏期，青霉引致鳞茎缓慢腐烂，需几周时间才能使鳞茎烂掉，后呈干腐状。在腐烂鳞茎上，孢子成团状时，呈现典型的青绿色。病菌从伤口侵入鳞茎。

3. 预防

挖掘、包装鳞茎时，尽量避免碰伤鳞茎，以减少侵染机会；鳞茎运输、包装期间保持低温。在包装土中加入硫酸钙、次氯酸盐混合粉（每11.35kg土中加混合粉171g），可控制病害发生。

4. 治理

鳞茎消毒可用苯来特溶液（每4.5L26.7～29.5℃水中加50mL苯来特）浸泡种鳞茎15～30min，晾干后贮存。

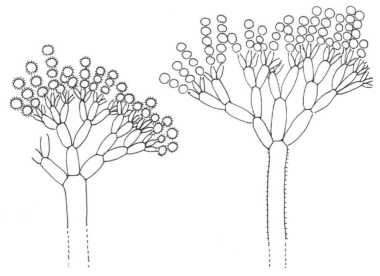

2-537a | 2-537b
2-538

百合青霉腐烂病症状

刺孢圆弧青霉 *Penicillium cyclopium* (左) 与 丛花青霉 *P. corymbiferum* (右)

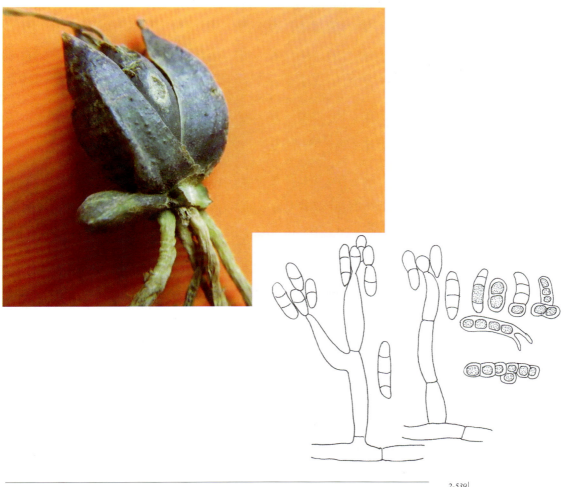

2-539 / 2-540

百合鳞茎腐烂病症状

柱隔孢 *Cylindrocarpon* sp.

七、百合鳞茎腐烂病 (图2-539、图2-540)

1. 病原

半知菌亚门丝孢纲丛梗孢目（科）柱隔孢属的一个种 *Cylindrocarpon* sp. 的真菌引致。

2. 症状

病害只发生在鳞茎外皮的基部，由此侵入鳞茎。从病鳞茎上长出的植株基部叶片发黄或变紫，过早死亡。花茎很少，即使长出花芽也是矮小，生长不良。当病鳞茎没有全部烂掉时，就裂开。有伤的鳞茎易于侵染，病菌也能侵染完好无损的鳞茎。

3. 预防和治理

参看百合青霉腐烂病。

八、百合炭疽病（褐皮病，图2-541、图2-542）

1. 病原

半知菌亚门腔孢纲球壳孢目黑盘孢科刺盘孢属百合科刺盘孢 *Colletotrichum liliacearum* Ferr.和百合刺盘孢 *C. lilii* Plakidas的真菌引致。

2. 症状

这种病菌侵染鳞茎的外皮，形成褐皮症，亦称为"褐鳞茎"、"黑鳞茎"。有时，在内层鳞片上也会出现褐色小斑点。东方百合上，有时发生很严重。鳞茎处在水分过多或受冻情况下，褐皮病易于发生。也发生于叶部，病斑周围有轮纹出现。

3. 预防

避免鳞茎周围水分过多，避免鳞茎受冻害，摘除病叶，以减少侵染机会。

4. 治理

挖掘鳞茎要精心操作，避免受伤。鳞茎在苯来特溶液（每13.6L水中加25mL苯来特）浸醮消毒。

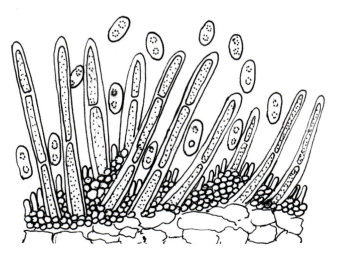

2-541a | 2-541b
2-542

百合炭疽病（褐皮病）症状

百合科刺盘孢
Colletotrichum liliacearum

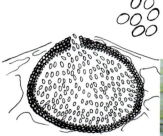

2-543 | 2-544

百合生叶点霉 *Phyllosticta lilicola*

百合叶斑病症状

九、百合叶斑病 (图2-543、图2-544)

1. 病原

半知菌亚门球壳孢目叶点霉属的百合生叶点霉 *Phyllosticta lilicola* Sacc.引致。

2. 症状

主要危害叶片。病斑多从叶尖或叶缘开始，由黄褐色小斑向下或向内扩展成为不规则形褐色大斑（病状），叶缘病斑半圆形，病斑外圈有明显的黄晕，病斑表面散生针尖大小黑粒状物（病症）。

3. 预防

病菌以菌丝体、分生孢子器在病株上或枯枝落叶上及遗落土中的病残体上存活越冬。翌年初春温度、水分充足时，分生孢子器孔口中大量涌出，借风雨传播，从植株伤口或表皮气孔侵入即行发病。温暖多雨的雨季发病较重。苗圃低湿或植株长势较差则发病严重。

4. 治理

(1) 选用抗病品种。

(2) 精心养护。加强综合栽培管理，配方施肥、适时灌水排水、松土培土、喷药防病及清理园圃等。

(3) 发病前或发病初期及时喷药预防控制。发病前的预防可选用0.5%～1%石灰等量式波尔多液，或0.2波美度石硫合剂或70%托布津＋75%百菌清可湿性粉剂（1∶1）1000～1500倍液，或40%多硫悬浮剂600倍液，或80%炭疽福美可湿性粉剂800倍液，或25%炭特灵可湿性粉500倍液，或50%施保功可湿性粉剂1000倍液，7～10天喷2～3次。药剂交替使用，以免产生抗药性。

十、百合病毒病 (图2-545)

1. 病原

黄瓜花叶病毒Cucumber mosaic virus和百合潜隐病毒Lily symptomless virus混合侵染引致百合坏死病斑。尚有百合花叶病毒Lily mosaic virus；百合丛簇病毒Lily rosette virus；百合环斑病毒Lily ring spot virus。侵染。

2. 症状

潜隐病毒广泛存在于百合属植物上，黄瓜花叶病毒在百合上是潜伏侵染或产生褪绿斑驳症状。当两种病毒混合侵染时，引起坏死病斑。花畸形呈舌状，有些品种的花扭曲。据资料在麝香百合、郁金香上产生坏死斑症状；千日红、黄瓜子苗上产生系统花叶；苋色藜、昆诺阿藜上形成局部斑。苋色藜、千日红、心叶烟上产生局部坏死斑。

病毒通过鳞茎传递到下一年。汁液摩擦可以传播病毒。甜瓜蚜、桃蚜等是病毒的传播介体。

3. 预防

有病植株的鳞茎不能用于繁殖。拔除有病植株；选择无病植株留种；大面积栽培区，应设立无病留种地。

4. 治理

生长期，对植株定期喷布50%马拉松1000倍液，25%西维因800倍液，40%乐果1500倍液，2.5%溴氰菊酯乳油2000倍液，灭除蚜虫，减少病毒传播机会。

2-545 百合病毒病症状

2-546 百合生理性缺铁引致褪绿病病状

2-547 百合芽枯病症状

十一、百合褪绿病 (图2-546)

1. 病原
百合生理性缺铁引致褪绿病。

2. 症状
在植株生长尖端，叶肉普遍黄化，叶脉仍为绿色。严重时，全叶变为黄白色。有病植株生长衰弱，最终导致植株严重矮化，根系发育不良。

3. 预防
百合要求土壤有极丰富的腐殖质和良好排水条件，喜微酸性土壤，不喜石灰质土和碱性土。否则，植物易吸收的二价铁转化成不溶性的三价铁，致使植株内铁素供应不足。

4. 防治
已发生黄叶病的植株，适量施用硫酸亚铁或铁的螯合物进行治疗。

十二、百合芽枯病 (图2-547)

1. 病原
生理缺水或寒冷伤根引致芽枯病。

2. 症状
芽出现枯萎或干缩，不能开花。

3. 预防和防治
注意灌溉和防寒等养护工作。

第三章

其他症状相似且治理方法相同的观赏植物病害

第一节 灰霉菌、霜霉菌类

由葡萄孢属 *Botrytis* 和霜霉科的几个属引致的观赏植物灰霉菌、霜霉菌类病害见表3-1所列。

1. 病原

半知菌亚门，丝孢纲，丛梗孢目，丛梗孢科，球穗珠头霉 *Oedocephalum*（孢梗不分枝）、葡萄孢属 *Botrytis*，菌丝匍匐，淡灰色，孢梗细长，稍有色，不规则的星状分枝、单枝或树状分枝，顶端细胞膨大成球形或棒形，上生小梗，梗上长分生孢子，孢子聚集成葡萄穗状，孢子无色或灰色，单胞，卵圆形。其菌核黑色，不规则状。有性阶段为葡萄孢盘菌属 *Botryotinia*，自然界较少发现，该菌寄主范围很广，

灰霉菌、霜霉菌类病害 （表3-1）

寄主	寄主学名	病原学名	病害名
仙客来	Cyclamen persicum	灰葡萄孢 *Botrytis.cinerea*（图3-1左）	仙客来灰霉病
万寿菊	Tagetes erecta	灰葡萄孢 *B.cinerea*（图3-1左）	万寿菊花腐病（图3-2）
中国水仙	Narcissus tazetta var. chinensis	水仙生葡萄孢 *B.narcissicola*（图3-3右）	水仙基腐病
天竺葵	Pelargonium hortorum	天竺葵葡萄孢 *B.pelargonii*（图3-3左）	天竺葵花腐病
郁金香	Tulipa gesneriana	郁金香葡萄孢 *B.tulipae*（图3-1右）	郁金香疫病
朱顶红	Hippeastrum rutilum	葡萄孢 *B.sp.*	朱顶红花腐病
百日草	Zinnia elegans	灰葡萄孢 *B.cinerea*	百日草花腐病
球根海棠	Begonia tuberhybrida	球穗珠头霉 *Oedocephalum glomerulosum*（图3-4）	秋海棠花腐病
扶桑	Hibiscus rosa-sinensis	葡萄孢 *Botrytis* sp.	扶桑花腐病
虞美人	Papaver rhoeas	灰葡萄孢 *B.cinerea*	虞美人花腐病（图3-5）
马蹄莲	Zantedeschia aethiopica	灰葡萄孢 *B.cinerea*	马蹄莲花腐病
三色堇	Viola tricolor	灰葡萄孢 *B.cinerea*	三色堇花腐病（图3-6）
海芋	Alocasia macrorrhiza	寄生葡萄孢 *B.parasitica*	海芋花腐病
剪秋萝	Lychnis senno	近黑葡萄孢 *B.pulla*	剪秋萝花腐病
一串红	Salvia splendens	灰葡萄孢 *B.cinerea*	一串红花腐病
一串白	S.splendens 'Alba'	灰葡萄孢 *B.cinerea*	一串白花腐病
红烟草花	Nicotiana sanderae	葡萄孢 *B.sp.*	红烟草花花腐病（图3-7）
莴苣	Lactuca sativa	莴苣盘梗霉 *Bremia lactucae*（图3-8）	莴苣霉霜病
云南朴树	Celtis yunnanensis	朴树假霜霉 *Pseudoperonospora celtidis*（图3-9）	朴树霜霉病
凤仙花	Impatiens balsamina	凤仙单轴霉 *Plasmopara obducens*（图3-10）	凤仙花霜霉病（图3-11）

引起许多观赏植物叶片发生灰霉病,引起它们的花瓣、花蕊等花器的花腐病。盘梗霉属*Bremia*,假霜霉属*Pseudoperonospora*和轴霜霉属*Plasmopara*等系鞭毛菌亚门,卵菌纲,霜霉目,霜霉科的几个属(其有性阶段是卵孢子),它们引起植物病害时,症状与半知菌的葡萄孢属引致的病害症状极其相似。霜霉科真菌多为害叶片和嫩枝梢和花器,常引起畸形。如凤仙花霜霉病易发生龙头状病状。

2. 症状

病原菌易在嫩叶、幼茎、花器上出现,初病寄主受害处,颜色变深,局部植物组织皱缩,进而产生湿腐和水渍状斑,有浅灰色或灰白色絮状霉层。

灰葡萄孢 *B.cinerea*(左)与郁金香葡萄孢 *B.tulipae*(右)

万寿菊花腐病症状

天竺葵葡萄孢(左)与水仙葡萄孢(右,电镜下两个种的孢子表面均有瘤突状物)

球穗珠头霉 *Oedocephalum glomerulosum*

虞美人花腐病症状

三色堇花腐病症状

3-1	3-2	
3-3	3-4	3-5
		3-6

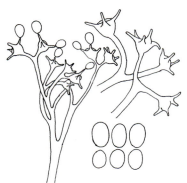
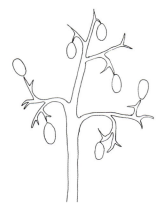

3-7 | 3-8 | 3-9
3-10 | 3-11

红烟草花腐病症状

莴苣盘梗霉 *Bremia lactucae*

朴树假霜霉 *Pseudoperonospora celtidis*

凤仙花单轴霉 *Plasmopara obducens*

凤仙花霜霉病症状

3. 预防

寄主的嫩叶期或花期,种植地有连绵阴雨天、空气湿度大、气候阴冷,气温下降约10℃时较易产生该病,种植密度越大,品种连片时,病害易流行,应根据气象预报在得知有寒流经过前2~3天,及时对裸地苗圃加盖塑料薄膜(温棚)保暖和挡雨,同时较少淋水,尤其是不能采用从苗顶向下淋水,改用顺地沟灌,最好是寒流过后,天晴温高后才灌水。

4. 治理

易发生霜霉病和花腐病的植物在栽种时应采用高床培育,便于灌水和控水。水肥管理要合理,不能偏施氮肥,减少寄主嫩叶、嫩茎生长时期,加速寄主木质化,加强抗病性。上述易发生葡萄孢属和霜霉科病害的植物,最好不要连片种植,必须连片种植时,要稀植,使之通风透光,减少发病。在温室或温棚内种植以上植物,要控制湿度,适时通风透光,注意少数植株发病时,及时拔除病株或修剪下病部叶片烧毁。喷药保护,可喷50%多菌灵800~1000倍液或70%敌可松500倍液,透喷2~3次(隔8~10天1次)。

第二节　黑霉类

由链格孢属 *Alternaria* 引致的20种观赏植物黑霉类病害见表3-2所列。

1. 病原

半知菌亚门丝孢纲丛梗孢目暗色孢科交链孢属（链格孢属）

黑霉类病害　　　　　　　　　　　　　　（表3-2）

寄主	寄主学名	病原学名	病名
美人蕉	*Canna indica*	黑链格孢 *A.atrans*	美人蕉叶枯病
龙爪槐	*Sophora japonica var. pendula*	豆链格孢 *A.azukiae*	龙爪槐叶枯病（图3-12）
云南红豆杉	*Taxus yunnanensis*	细链格孢 *A.tenuis*	云南红豆杉叶枯病
滇姜花	*Hedychium yunnanense*	链格孢 *A.sp.*	滇姜花叶枯病
鸡冠花	*Celosia cristata*	鸡冠花链格孢 *A.celosiae*	鸡冠花叶斑病
广玉兰	*Magnolia grandiflora*	土生链格孢 *A. humicola*	玉兰叶枯病
百日草	*Zinnia elegans*	百日草链格孢 *A. zinniae*	百日草叶枯病
洋金花	*Datura metel*	粗链格孢 *A. crassa*	曼陀罗叶枯病
袖珍椰子	*Chamaedorea elegans*	链格孢 *A. alternata*	袖珍叶子叶尖枯
花烛	*Anthurium andraeanum*	链格孢 *A. alternata*	花烛叶枯病
樱花	*Cerasus serrulata(Prunus serrulata)*	樱桃链格孢 *A .cerasi*	樱叶枯病
天竺葵	*Pelargonium hortorum*	天竺葵链格孢 *A. pelargonii*	天竺葵叶枯病
凤仙花	*Impatiens balsamina*	细极链格孢 *A. tenuissima*	凤仙花叶尖枯
旱金莲	*Tropaeolum majus*	堇菜链格孢 *A.violae*	旱金莲叶枯
叶子花	*Bougainvillea glabra*	链格孢 *A. sp.*	叶子花花腐斑病
腊梅	*Chimonanthus praecox*	洋腊梅链格孢 *A. calycanthi*	腊梅叶枯病
千日红	*Gomphrena globosa*	千日红链格孢 *A. gomphrenae*	千日红叶枯病
龟背竹	*Monstera deliciosa*	大孢链格孢 *A.macrospora*	龟背竹叶枯病
土田七	*Stahlianthus involucratus*	链格孢 *A.sp.*	三七叶枯病
橘	*Citrus madurensis*	柑橘链格孢 *A.citri*	橘叶枯果腐病

Alternaria。孢梗暗色，单枝，长短不一，顶生不分枝或偶尔分枝的孢子链；分生孢子暗色，有纵横隔膜，倒棍棒状，椭圆形或卵形，常形成链，单生的较少，顶端有喙状的附属胞。细链格孢 *A.tenuis* 可引致松苗猝倒病，云南红豆杉叶枯病、柑橘链格孢 *A.citri* 使果实腐烂。梓链格孢 *A.catalpae* 为害梓树、楸木，使叶片产生大斑病。

2. 症状

病原菌侵染成长叶，在叶中部或边缘形成椭圆形至不规则形病斑，其边缘色深，中部色浅，边缘稍隆起，中央灰褐色似有同心轮纹，空气湿度大时，可见到深褐色至黑色小点，用放大镜看病症，多有黑色绒毛状物。

3. 预防

在夏秋季，上述各种观赏植物易发生该病害，尤其连绵下几天雨以后，病叶易产生明显病症，以秋季发生较普遍，冬春季是预防的好时机。

4. 治理

病原菌在病落叶上越冬，防治宜在秋末彻底清除落叶烧毁，减少次年春季的初侵染来源；夏、秋季初病时，此时叶片有不规则枯斑，可喷50%多菌灵800～1000倍液，或65%的代森锌500～800倍液或70%托布津1000倍液进行治理。每7～10天喷药一次，共喷3～4次。有较好效果。

3-12 龙爪槐链格孢叶枯病症状

第三节　锈粉类

由锈菌引致的常见植物锈粉类病害见表3-3所列。

1. 病原

担子菌亚门冬孢菌纲锈菌目，它们是很重要的类群，选择供养植物很严格，各地都有锈菌，所有锈菌都是强寄生菌，引起植物产生黄色、橘红色、紫褐色、红色病症，称为锈病。一旦锈病发生发展会造成较大损失。锈菌的形态特征和它们的生活史都十分复杂、多样。典型的锈菌

锈粉类病害 (表3-3)

寄主	拉丁名	病原拉丁名	病名
天竺葵	Pelargonium hortorum	环带天竺葵柄锈菌 Puccinia pelargonii-zonalis	天竺葵锈病（图3-13）
凤仙花	Impatiens balsamina	1. 银生柄锈菌 P.argentata 2. 短柄单胞锈菌 Uromyces proeminens	凤仙花锈病（图3-14）
向日葵	Helianthus annuus	向日葵锈菌 Puccinia helianthi	向日葵锈病
龙柏	Sabina chinensis "kaizuca"	梨胶锈菌 Gymnosporangium haraeanum	龙柏锈病
干香柏棠梨	Cupresus duclouxiana、Pyrus pashia	坎宁安胶锈菌 G.cunninghamianum	干香柏—棠梨锈病
紫苑	Aster tataricus	紫苑鞘锈 Coleosporium asterum	紫苑锈病（图3-15）
菊花	Dendranthema morifolium	菊柄锈菌 Puccinia chrysanthemi	菊花锈病（图3-16）
芦苇	Phragmites communis	深棕红柄锈 P.atrofusca 芦苇柄锈菌 P.phragmitis	芦苇锈病
酢浆草	Oxalis corniculata	酢浆草柄锈 P.oxalidis	酢浆草锈病
早熟禾	Poa annua	早熟禾单胞锈菌 Uromyces poae	草坪锈病
结缕草	Zoysia spp.	结缕草柄锈菌 Puccinia zoysiae	草坪锈病
水杨梅（路边青）	Geum japonicum	夏孢锈 Uredo sp.	水杨梅锈病（图3-17）
球花石楠	Photinia glomerata	石楠锈孢锈 Aecidium pourthiaeae	石楠锈病
云南山楂	Crataegus scabrifolia	山田胶锈 Gymnosporangium yamadai	山楂锈病
梨	Pyrus spp.	梨胶锈菌 G.haraeanum	梨叶锈病（图3-18）
贴梗海棠	Chaenomeles speciosa	亚洲胶锈 G.asiaticum	贴梗海棠锈病
台湾相思	Acacia confusa	透白冬孢锈 Poliotelium hyalospora	相思树锈病
花椒	Zanthoxylum bungeanum	花椒锈孢锈 Aecidium zanthoxyli-schinifolii	花椒叶锈病（图3-19）
蔓蓼	Polygonum strindbergii	两栖蓼柄锈 Puccinia polygoni-amphibii	蓼锈病
白花三叶草	Trifolium repens	车轴草单胞锈 Uromyces trifolii	三叶草锈病（图3-20）

要经过5个发育阶段，并相应地产生5种孢子类型，即性孢子、锈孢子、夏孢子和冬孢子。一般认为冬孢子是有性阶段，发生核配及减数分裂，之后再产生担子和担孢子，担孢子一般是4个，在锈菌的所有退化类型中，担子仍然保留下来，这是锈菌的主要特征。

2. 症状

各个种的锈菌可使寄主植物发生各样症状，在叶上引起褪绿、锈斑、

3-13 | 3-14
3-15 | 3-16
3-17 | 3-18
3-19 | 3-20

天竺葵锈病症状
凤仙花锈病症状
紫苑锈病症状
菊花锈病症状
水杨梅锈病症状
梨叶锈病症状
花椒叶病症状
三叶草锈病症状

孢子粉堆、冬孢子柱、疱斑等症状，在枝干上可以引起曲枝、丛枝、肿胀、粗皮、瘤肿、疱状物等症状。病症的颜色与锈黄、红褐色相接近。

3. 预防

锈病多发生在嫩叶、嫩茎和幼树主干上，栽培中应尽量采用减少寄主植物发生嫩叶和嫩茎的机会，减短此时期的时间，如采用少施氮肥，增施磷钾肥，促使幼嫩组织提前木质化。尽量加强通风透光，使之多接触阳光，增强抵抗锈菌直接侵入植物组织的能力。

4. 治理

对1~2年生植物，在小环境适宜传播的锈病发生时可以将病株连根拔除烧毁。下一茬改种另一种不感此锈病的植物；对于多年生木本寄主所感染的锈病，应查清它是否有转主寄生的现象，若有，应铲除其转主植物，对于幼树枝干锈病，在公园中，种植不连片，只需在初出现病症时，修去病枝烧毁；在病干上涂杀菌剂。若寄主连片种植怕扩大传染，应及时铲除病株，烧毁，减少侵染来源；不能铲除的病株又一时找不到转主的，可采取化学防治，喷洒杀菌剂，如：敌锈钠、粉锈灵、多菌灵、托布津，还可以喷石硫合剂。

第四节　白粉类

常见观赏植物白粉类病害见表3-4所列。

1. 病原

病原有性阶段是：子囊菌亚门核菌纲白粉菌目白粉菌科，即秋后在白粉层上出现的闭囊壳黑色颗粒，这类真菌通称白粉菌，它是高等植物上的专性寄生菌，它们所引起的病害称为白粉病。白粉菌除不能侵染针叶树外，寄主有7187种被子植物，其中90%以上寄生于双子叶植物，现只发现一种禾白粉菌 *Erysiphe graminis* 是为害单子叶植物的。白粉菌在生长季节能产生大量的分生孢子梗和分生孢子，看上去像一层白粉，到了秋末有性阶段才会生成，在昆明和热带地区许多白粉菌不产生有性态。分生孢子单细胞，无色透明，椭圆形或桶形，壁薄。大多数白粉菌产生串生的，向基性成熟的分生孢子链，又称节孢子或粉孢子，属于半知菌亚门丝孢纲丛梗孢目丛梗孢科粉孢属 *Oidium* 和拟粉孢属 *Oidiopsis* 分生孢子有一个很独特的性状，即能在相当干燥的条件下进行萌芽。这个特性使白粉病能在干旱季节流行。此外半知菌亚门的星孢属 *Asteroconium* 在旱季末发病，分生孢子梗和孢子均无色透明，孢子星状。

白粉类病害 (表3-4)

寄主学名	拉丁名	病原拉丁名	病名
大叶黄杨	Euonymus japonicus	正木粉孢 Oidium euonymi-japonicae（图3-21）	大叶黄杨白粉病（图3-22）
紫薇	Lagerstroemia indica	南方小钩丝壳 Uncinuliella australiana 粉孢菌 Oidium sp.	紫薇白粉病（图3-23）
香椿	Toona sinensis	香椿球针壳 Phyllactinia toonae	香椿白粉病
红叶鸡爪槭	Acer palmatum "Atropurpureum"	槭粉孢 Oidium aceris	鸡爪槭白粉病
凤仙花	Impatiens balsamina	单丝壳 Sphaerotheca fuliginea 粉孢菌 Oidium.sp.	凤仙花白粉病（图3-24）
红叶小檗	Berberis thumbergii var.atropurpurea	小檗粉孢 O.berberidis	红叶小檗白粉病（图3-25）
红花三叶草	Trifolium pratense	车轴草白粉菌 Erysiphe trifolii	红花三叶草白粉病（图3-26）
非洲菊	Gerbera jamesonii	粉孢属 Oidium sp.	非洲菊白粉病
旱金莲	Tropaeolum majus	拟粉孢霉 Oidiopsis taurica（图3-27）	旱金莲白粉病（图3-28）
孔雀草	Tagetes patula	粉孢 Oidium sp.	孔雀草白粉病
满天星	Gypsophila elegans	拟粉孢 Oidiopsis sp.（图3-29）	满天星白粉病（图3-30）
菊花	Dendranthema morifolium	菊粉孢 Oidium chrysanthemi	菊花白粉病
枸杞	Lycium chinense	穆若叉丝壳 Microsphaera mougeotii	枸杞白粉病（图3-31）
向日葵	Helianthus annuus	白粉菌 Erysiphe cichoracearum	向日葵白粉病
树番茄	Cyphomondra betacea	粉孢 Oidium sp.	树番茄白粉病
梁王茶	Nothopanax delavayi	粉孢 O.sp.	梁王茶白粉病
云南朴（滇朴、四蕊朴）	Celtis yunnanensis (C.tetrandra)	三孢半内生钩丝壳 Pleochaeta shiraiana、草野钩丝壳 Uncinula kusanoi（图3-32）	朴树白粉病（图3-33）
滇润楠	Machilus yunnanensis	萨卡度星孢 Asteroconium saccardoi	润楠白脉病
羊蹄甲	Bauhinia spp.	粉孢菌 Oidium sp.	羊蹄甲白粉病（图3-34）
大花黄槐	Cassia floribunda (C.laevigata)	粉孢菌 O.sp.	槐白粉病

2. 症状

上述寄主白粉病的病症在生长季节均有一层白色粉末状物，病症在叶正面的是：满天星、鸡冠花、孔雀草、槐、鸡爪槭、三叶草、葡萄、凤仙花等植物白粉病，病症在叶背面的是：香椿、旱金莲等植物，病症在叶两面的是：大叶黄杨、羊蹄甲、紫薇、黄槐、十大功劳、菊花、红叶小檗、非洲菊等植物。有些白粉病秋后在白粉层上出现先黄逐渐变褐最后变成黑色的颗粒的有性态。星孢属引致的云南樟和润楠白脉病病症与白粉菌的无性态病症相似。

3-21	3-22
3-23	3-24
3-25	3-26
3-27	3-28

正木粉孢 *Oidium euonymi-japonicae*

大叶黄杨白粉病症状

紫薇白粉病症状

凤仙花白粉病症状

红叶小檗白粉病症状

红花三叶草白粉病症状

拟粉孢霉 *Oidiopsis taurica*

旱金莲白粉病症状

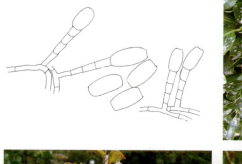

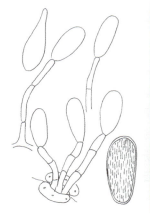

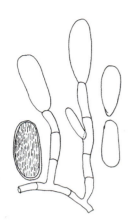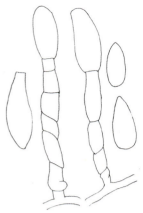

3-29 | 3-30 | 3-32
3-31 | 3-33 | 3-34

满天星拟粉孢 *Oidiopsis* sp.
满天星白粉病症状
内生钩丝壳 *Pleochaeta shiraiana* 无性孢子
枸杞白粉病症状
朴树白粉病症状
羊蹄甲白粉病症状

3. 预防

凡是有利于植物徒长和多汁的农业措施，如遮阴、施氮肥，均有利白粉病的发展，施石灰和土壤水分过低也有利白粉菌的侵染。故不要偏施氮肥，减少嫩叶肥茎等汁多的组织形成或时间延长。星孢属老嫩叶均能侵染。要先防治寄主上的介壳虫，该虫有传病的媒介作用。

4. 治理

温棚内在设定的距离上挂放置硫磺粉的布袋，它可以使空气中飞散硫分子，在病害到来之前和发生时很有作用。那些对硫磺过敏的植物，可改用消螨普（Dinocap）来防治，它是一种杀螨、杀菌剂。还有在寄主植物生长期间把苯莱特施到土壤内，也能控制白粉病的发展。

第五节 煤污类

常见植物煤污病类由于病菌种类不一，有的甚至同一病斑上能找到两种以上真菌（表3-5）。它们典型的相同病症是形成煤烟状菌膜，黑色，能揭开。

1. 病原

子囊菌亚门核菌纲小煤炱目（科）的小煤炱属 Meliola 和腔菌纲座囊菌目煤炱科的煤炱属 Capnodium，以及半知菌亚门丝孢纲（目）暗色孢科的多咨孢属 Triposermum、刀孢属 Clasterosporium、短梗霉属 Aureobasidium、枝孢属 Cladosporium 等等，此外腔孢纲球壳孢目（科）的白粉寄生菌属

煤污类病害 (表3-5)

寄主	拉丁名	病原拉丁名	病名
跳舞草	Codariocalyx gyrans	小煤炱 Meliola sp.	舞草煤污、叶枯病
旱金莲	Tropaeolum majus	大孢枝孢霉 Cladosporium macrocarpum	煤污病
重阳木	Bischofia polycarpa	1.出芽短梗霉 Aureobasidium Pullulans（图3-35） 2.芽枝孢 Cladosporium Cladosporioides	重阳木煤污病
海桐	Pittosporum tobira	小煤炱 Meliola sp.	海桐煤污病
木菠萝	Artocarpus heterophyllus	小煤炱 M. sp.	木菠萝煤污病
苏铁	Cycas spp.	1.煤炱 Capnodium sp. 2.链格孢属 Alternaria sp.	苏铁煤污病
棕榈	Trachycarpus fortunei	棕榈生小煤炱 Meliola palmicola	棕榈煤污病
枇杷	Eriobotrya japonica	1.枇杷刀孢 Clasterosporium eriobotryae（图3-36） 2.美座附丝壳 Appendiculella calostroma（图3-37）	枇杷煤污病
檵木	Loropetalum spp.	煤炱 Capnodium sp.	檵木煤污病(图3-38)
罗汉松	Podocarpus macrophyllus	小煤炱 Meliola sp.	罗汉松煤污病
清香木	Pistacia weinmannifolia	清香木小煤炱 M.rhoina	清香木煤污病
高山栲	Castanopsis delavayi	栲小煤炱 M.shiiae	栲煤污病
麻栎	Quercus acutissima	栎小煤炱 M.quercina	栎煤污病
金竹	Phyllostachys sulphurea	刚竹小煤炱 M.phyllostachydis	刚竹煤污病(图3-39)
小叶黄杨	Buxus microphylla	黄杨生小煤炱 M.buxicala	小叶黄杨煤污病
枸骨	Ilex cornuta	冬青生小煤炱 M.ilicicola	枸骨煤污病
小叶榕	Ficus concinna	1.榕小煤炱 M.mietrotricha 2.煤炱 Capnodium sp.	榕树煤污病
橡皮榕	Ficus elastica	多咨孢 Triposermum sp.（图3-40）	橡皮榕煤污病
十大功劳	Mahonia spp.	白粉寄生菌属 Cicinnobolus Ehrenb=Ampelomyces Ces.（图3-41）	十大功劳拟煤污病

*Cicinnobolus*都会使观赏植物病斑上产生黑色，有如锅烟状的煤层。小煤炱属*Meliola*主要分布在热带森林中，也可在雨季和旱季交替的地区，常为害成熟的叶片，其危害性没有白粉菌大。煤炱属*Capnodium*（*Capnocrinum*、*Capnodariao*），其子囊座的壁和分生孢子器壁都由圆形细胞或并列的菌丝组成。白粉寄生菌属的白粉寄生菌*Cicinnobolus cesatii de Bary*，在白粉病病斑上易发现。在具有白粉病的大叶黄杨叶或十大功劳叶上有黑色煤层，煤层中肉眼或加放大镜可观察到黑褐色小点，煤层紧贴叶面，呈座垫状，不形成膜状物刮取时有坚硬感。

短梗霉属*Aureobasidium* Viala et Boyer的特点，菌丝初无色，后变褐色分隔处缢缩，褐色菌丝断裂成菌丝段。分生孢子梗分化不明显。产孢细胞位置不定，分生孢子椭圆形，长筒形，无色单胞，正直。可芽殖产生次生分生孢子。厚垣孢子深褐色，椭圆形，长椭圆形，两端钝圆。无隔或1个隔，表面光滑，寄生或腐生于植物各个部位引起煤污病。如：跳舞草煤污叶枯病。

出芽短梗霉*A.pullulans*（de Bary）Arm.初在叶面局部或叶脉限制生深灰色至黑色病斑，菌丝一般生于叶面。霉层可厚到成片揭下与枝孢霉属的*Cladosporium cladosporioides*和多主枝孢*C.herbarum*以及链格孢*Alternaria alternata*混合成煤污病。

2. 症状

枝、叶的表面有灰尘；有蚜虫蜜露；有介壳虫分泌物或植物的渗出物时，煤污病菌的菌丝，孢子可以在上面生长发育，使叶和枝上形成一层黑色煤层。严重时植株逐渐枯萎。

3. 预防

煤污病发生在平均温度13℃左右，阴湿处发病重，介壳虫、蚜虫、木虱等昆虫危害严重时，煤污病发生严重。芸香科植物外渗物质多也易发生煤污病。

4. 治理

(1) 防治上述害虫，绝大多数煤污病即可控制；

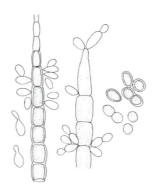
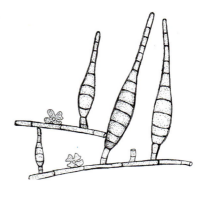

3-35 | 3-36

短梗霉 *Aureobasidium* sp.

枇杷刀孢 *Clasterosporium eriobotryae*

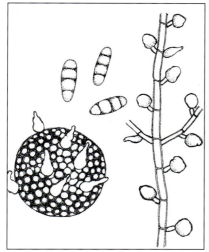

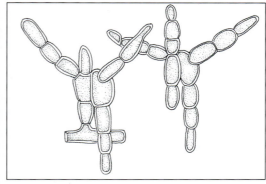
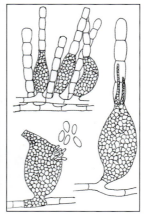

3-37	3-38
3-39	3-40
	3-41

美座附丝壳 *Appendiculella calostroma*

红花檵木煤污病症状

刚竹煤污病症状

多咎孢 *Triposermum* sp.

白粉寄生菌 *Cicinnobolus cesatii*

(2) 阴湿环境通风不良,因此在密度较大处要及时修枝透光;

(3) 暴雨对煤污病有冲洗作用,故也可用急速的喷水器,猛烈地喷水,使煤污层脱落。有人用稀泥浆水喷洒叶面,防治油茶煤污病,喷后若能有阳光照射,效果更好。

第六节　螨类

由病原物螨类引致产生的毛毡病、瘿螨病，病状相似，无病症，治理相同。

因寄主不同，各种毛毡病病状各异（无病症）。阔叶树的毛毡病在我国各地均有发生。为害荔枝叶片，初期白色绒毛状与霜霉病相似，不久变成金黄色绒毛凹陷斑块状，呈粗糙的毛毡病斑。桤木和西南桦叶上的毛毡病病状是粉红色绒毛状物，病叶平整。漆、青岗栎、黄栎等也常有该病发生。寄主是鸭脚木（鹅掌柴）*Schefflera octophylla*（图3-42、图3-43），火棘*Pyracantha fortuneana*（图3-44），木瓜*Chaenomeles sinensis*（图3-45），西南桦*Betula alnoides*（图3-46）与旱冬瓜*Alnus nepalensis*、荔枝*Litchi chinensis*、栎*Quercus* sp.的毛毡病（图3-47）。

枸杞*Lycium chinense*的瘿螨病，病状是叶片两面有微凹，浅绿色，边缘整齐的圆形饼状物，螨隐藏在饼内（见图3-48）。

1. 病原

动物界节肢动物门蜘蛛纲锈壁虱科绒毛瘿螨属*Eriophyes* sp.（图3-49）的一个种和蜘蛛纲、四足螨目、瘿螨科（属）*Acera macrodronis* Keifer（枸杞瘿螨）引致。在光学显微镜10×10倍下，病原动物体形小100～200μm，近圆锥形，只有四只软足，靠近头部。尾部两侧各生有一根细长的刚毛，其背腹环纹数量一致或不一致（是分类的依据之一）。

2. 症状

被螨为害的叶部、嫩芽和叶柄细胞受刺激，组织产生增生现象，密布增大增长的畸形细胞，初色浅，渐渐地颜色加深，变为橘黄色、褐色、粉红色、棕红色等毛毡状病斑。芽或侧芽被害后，病芽形似鸡冠花状。叶片被害，病斑在叶一面凸起，另一面凹陷或呈扭曲状，病斑表面密被绒毛，似绒布状，故称毛毡病。

鸭脚木毛毡病初黄色短绒毛状似锈病，后呈橙黄色毛毡状，绒毛变长。火棘毛毡病叶上有栗褐色硬小斑块。木瓜毛毡病初叶上有许多小红斑，后红斑变大呈疱斑状。木瓜叶正面凸起，木瓜叶背面病斑凹下。

西南桦和旱冬瓜毛毡病的叶缘或叶尖有粉红色绒毛状物（叶的正面），切片于光学显微镜下可观察到被螨刺激后的绒毛呈红色小蘑菇状。

3. 预防

四足螨以成螨在病芽、叶痕、病叶和寄主病残体上越冬，它们借助风力和运输苗木而传播，苗圃连作，有利该病害发生，老病树林下育苗，传播迅速。

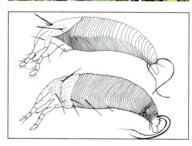

3-42	3-43
3-44a	3-44b
3-45	3-46
3-47b	3-47a
3-48	3-49

鹅掌柴毛毡病病状

鹅掌柴毛毡病病状

火棘毛毡病病状

木瓜毛毡病病状

西南桦毛毡病病状

栎毛毡病病状

枸杞瘿螨病病状

低倍镜下螨形态图

4. 治理

(1) 杀灭越冬螨：苗圃或幼林可结合冬季修剪病虫枝，春季抚育管理，将病残体深埋入土内，或用波美度2～3度石硫合剂（温度低时度数要高，气温高时可用稀些）喷洒，或喷洒硫磺粉。

(2) 发病初期：用40％乐果乳剂或马拉硫磷800倍液。杀卵可用50％杀螨脂可湿性粉剂1500～2000倍液，或用20％杀螨酯可湿性粉剂800～1000倍液。

(3) 发病高峰期：用波美0.5度的石硫合剂加0.02～0.05％氯杀粉液混合喷洒。对杀卵、幼螨或成螨效果均好。另外也可使用20％三氯杀螨醇剂2000、3000倍液或使用25％杀虫脒乳剂1000～3000倍液喷洒，均有良好的效果。

第七节　膏药病类

由隔担耳属引致膏药病，症状相似，治理相同（图3-50～图3-54）。

1. 病原

灰色膏药病是由担子菌亚门层菌纲隔担子菌目（科）及属中的柄隔担耳菌 *Septobasidium pedicellatum* (Schw.) Pat.和茂物隔担耳菌 *S.bogoriense* Pat.（桑、油桐、茶、胡椒、栎类的灰色膏药病）及田中隔担耳菌 *S.tanakae* (Miyabe) Boed.et Steinm.（为害李属多种果树并形成褐色膏药病）。但若在金合欢属上长的膏药病，病原是金合欢隔担耳 *S.acasiae* Saw.也为害茶、柳；在柑橘上长的膏药病，病原是柑橘生隔担耳 *S.citricolum* Saw.有的寄主树的干和枝上可以是两种病原，如梅、紫叶李、碧桃、杏、女贞、石楠、樱花、香樟、核桃、油桐、茶树和漆树等。我国亚热带地区常见膏药病发生，病原种1～2个。

2. 症状

在枝干受害处，病菌与高等植物上的介壳虫共生，先出现圆形或近圆形灰白色菌膜，与中医用的膏药形状相似，紧紧地贴在树皮上，扩展后可有多个菌膜联合成不规则形大斑平铺或略厚，后期绕小枝一圈，有膏药病症以上小枝枯死；在树干的菌膜因寄主粗生长迅速，菌膜逐渐脱落。膏药形菌膜外观色泽有两种：一为初灰白色，后变暗灰色或暗褐色，表面平滑；另一栗褐色，表面呈天鹅绒布状。菌膜衰老时，中央常发生龟裂，易剥落。

3. 预防

病菌以菌膜在病枝、干上越冬，菌与介壳虫共生，菌膜覆盖着介壳虫，有利其生存，虫的分泌物又使菌丝得到养料。病菌的担孢子可借助气流和介壳虫的活动而传播蔓延。故选择适宜的杀虫剂防治介壳虫是预防膏药病的首选措施。

4. 治理

结合修剪养护工作，彻底修除虫枝，并销毁，可减少侵染源，又能使林内空气流通阳光充足。防治介壳虫可选用50%马拉松乳剂500倍液；合成洗衣粉或喷40%乐果乳剂400～500倍液。有人用黄泥浆刷在膏药病斑或介壳虫为害处，还可使用20%石灰水、波美3～5度的石硫合剂或煤焦油等刷菌膜或介壳虫聚集处。

3-50	3-51a
3-52	3-51b
3-53	3-54

桃膏药病

滇皂角膏药病症状

石榴膏药病症状

广玉兰膏药病症状

紫丁香膏药病症状

第八节 病毒类

常见观赏植物由病毒和植原体引起的病毒大类病状相似，都没有病症，治理措施相同，见表3-6所列。

1. 病原

病毒病类（含植原体病类）在花木中不仅大量存在，而且为害也重。一种花木常常是受到几种、十几种病毒的侵染。侵染花木的病毒种类繁多，有16个病毒群含有花木的病毒。

2. 症状

植物受到病毒侵染后，可见叶色、花色异常，器官畸形，植物矮化；

病毒类病害 （表3-6）

寄主	病原	病名
郁金香 Tulipa gesneriana	郁金香碎色病毒 Tulip breaking virus	郁金香碎锦病（图3-55）
云南萝芙木 Rauvolfia yunnannensis	待定	萝芙木缩叶病毒病
羽裂喜林芋 Philodendron selloum	待定	喜林芋缩叶病毒病（图3-56）
云南苏铁 Cycas siamensis	待定	苏铁缩叶病毒病（图3-57）
虞美人 Papaver rhoea	待定	虞美人萼畸形病（图3-58、图3-59）
虞美人 Papaver rhoea	待定	虞美人花瓣杂色病（图3-60）
千日红 Gomphrena globosa	香石竹叶脉斑驳病毒CvMV	千日红花叶病（图3-61）
旱金莲 Tropaeolum majus	香石竹环斑病毒CrSV	旱金莲花叶病（图3-62）
三色堇 Viola tricolor 大花三色堇 Viola ×wittrockiana	黄瓜花叶病毒CMV	三色堇花叶病（图3-63）
紫果西番莲 Passiflora edulis	黄瓜花叶病毒CMV	西番莲花叶病
南天竹 Nandina domestica	烟草花叶病毒TMV	南天竹蕨叶病
美人蕉 Canna indica	黄瓜花叶病毒CMV和菜豆黄花叶病毒ByMV	美人蕉花叶病
小叶女贞 Ligustrum quihoui	待定	小叶女贞花叶病
小叶女贞 Ligustrum quihoui	植原体 Phytoplasma	小叶女贞丛枝病
长春花 Catharanthus roseus	植原体 Phytoplasma	长春花黄化病
刺五加 Acanthopanax gracilistylus	待定	刺五加缩叶病毒病
巧茶 Catha edulis	植原体 Phytoplasma	巧茶丛枝病
泡桐 Paulownia flortunei	植原体 Phytoplasma	泡桐丛枝病
雪松 Cedrus deodara	植原体 Phytoplasma	雪松早衰丛枝病
跳舞草 Codariocalyx gyrans	病毒种待定	跳舞草花叶病毒病（图3-64）

3-55	3-56
	3-57
3-58	3-59a
3-60	3-59b
3-61	

郁金香病毒病病状

喜林芋病毒病病状

苏铁病毒病病状

虞美人正常花萼

虞美人花萼畸形病状

虞美人花瓣杂色病状

千日红病毒病病状

3-62	3-63
3-64	

旱金莲病毒病病状
三色堇花叶病病状
跳舞草病毒病病状

病重的不能开花，甚至毁种。

3. 预防

病毒由媒介昆虫、汁液、嫁接等方式传播，种子传病毒在花卉病毒病中占有一定的比例。有的病毒或植原体由专一的昆虫种来传播，甚至可以见到某种昆虫时便知有哪种病毒或植原体在传播，在危害。

4. 治理

加强检疫制度，清除有病的植株及野生寄主，并及时销毁。建立无毒苗圃繁育无毒苗木，种植脱毒组培苗，防治传毒介体，用杀虫剂毒杀传毒介体。改进养护管理，控制病害的蔓延。母体种源圃与切花生产圃分开设置，保证种源圃不被再侵染。修剪、切花等操作工具及人手必须用3%～5%的磷酸三钠溶液或热肥皂水反复洗涤消毒。保证鲜切花圃大规模商品生产有较好的卫生环境。

第九节　菟丝子害

由病原物菟丝子引致的病害见表3-7所列（图3-65~图3-68）。

小乔木、灌木和草本易被菟丝子危害。菟丝子（寄生性种子植物）主要为害植物的幼苗和幼树，全国各地均有分布，但以热带和亚热带更为广泛。常寄生在多种园林植物上，危害轻者使花木生长不良，重者，花木和幼树可被缠绕致死。病症相似，治理措施相同。

菟丝子病害　　　　　　　　　　（表3-7）

寄主	病原物	病名
一串红 Salvia splendens	中国菟丝子 Cuscuta chinensis	一串红菟丝子害
金鱼草 Antirrhinum majus	中国菟丝子 Cuscuta chinensis	金鱼草菟丝子害
菊花 Dendranthema morifolium	中国菟丝子 Cuscuta chinensis	菊花菟丝子害
玫瑰 Rosa rugosa	日本菟丝子 Cuscuta japonica	玫瑰菟丝子害
小叶女贞 Ligustrum quihoui	日本菟丝子 Cuscuta japonica	小叶女贞菟丝子害
叶子花 Bougainvillea glabra	日本菟丝子 Cuscuta japonica	叶子花菟丝子害

1. 病原物

中国菟丝子茎纤细，丝状，直径1mm，橙黄色，花淡黄色，聚成头状花序；花萼杯状，长约1.5mm；花冠钟形，白色，稍长于花萼，短5裂；蒴果近球形，内有种子2~4枚；种子卵圆形，长约1mm，淡褐色，表面略粗糙（图3-69）。

日本菟丝子茎粗壮，直径达2mm，分枝多，黄白色，并有突起的紫斑；在尖端及以下3个节上有退化成鳞片状的叶；花萼碗状，有红紫色瘤状斑点；花冠管状，白色，长3~5mm，分5裂，蒴果卵圆形，种子1~2粒，平滑，种子微绿色至微红色。

2. 症状

菟丝子主要为害栽培和野生植物的幼苗和幼树，它的茎缠绕在寄主植物的茎和枝上，以吸器伸入寄主茎或枝内与它们的导管和筛管相连接，吸取全部养分，它是全寄生的种子植物，肉眼可见被它缠绕的部位缢缩，有的坏死，菟丝子的生长几乎可以将寄主的树冠盖住，导致被害花木发育不良，生长受阻碍，表现为生长矮小黄化，甚至枯萎死亡。

3. 预防

菟丝子的成熟种子落入土中，或混杂在花卉植物的种子中，一同播入土中，夏初开始萌发，成为侵染源，种子萌发时种胚一端形成胚根伸入土中，根端不分枝，表面生有许多短细绒毛似根毛，另一端胚芽顶出土面，形成丝状的幼茎，生长极快，在与寄主建立寄生关系之前不分枝。茎伸长后尖端约2～4cm的一段常有绿色，具明显的趋光性。在与寄主接触处形成吸根，每一次接触均有一个吸根。它的结实力很强。

4. 治理

加强种苗检疫，菟丝子种子埋于3cm深处不易发芽。清除地面杂草和

3-65 | 3-66
3-67 | 3-68
3-69

叶子花上的日本菟丝子
小叶女贞上的日本菟丝子
灌木上的菟丝子
乔木树冠处的菟丝子
菟丝子生长形态和解剖图

花木上的菟丝子，清理时一定要根治（即修剪寄主的健康部位，不能遗留一点病原物的痕迹，把所有藤子和吸盘清除干净，深埋）。菟丝子的萌发高峰期可喷2%扑草净，25天一次，共3次。

第十节　根结线虫类

由土壤中根结线虫引致的根结线虫类病害无病症，病状相似，治理相同。

土壤中线虫引起的植物根瘤病，没有病症。一种寄主的根瘤上可能有同属的几个种的线虫，也可能是一个种的线虫为害，它们使寄主须根长出许多小型（0.3~0.5cm）的不规则的瘤状物（病状），凡有这些瘤状物的寄主，称某某（寄主）根结线虫病。它们的治理方法相同。

1. 病原

常见根结线虫有五个种（图3-70、图3-71），花生根结线虫 *Meloidogyne arenaria*（Neal,1889）Chitwood,1949，南方根结线虫 *M.incognita*（Kofold and White,1919）Chitwood,1949，爪哇根结线虫 *M.javanica*（Treub,1885）Chitwood, 1949，北方根结线虫 *M.hapla* Chitwood及尖形根结线虫 *M.acrita*（Chitwood）Esser，Perry et Taylor。线虫是低等动物，线形动物门Nemathelminthes，线虫纲Nematoda的动物（参见图2-363、图2-406及图2-443），也称蠕虫。在自然界中分布广，种类多。有些种寄生在植物上引起植物的线虫性病害。

寄生线虫的形态一般是圆筒状，两端稍尖。大多数是雌雄同形，少数为雌雄异形（雌虫为梨形或肾形）。寄生线虫小，长一般不超过1~3mm。线虫的口腔内有吻针或轴针，用以穿刺植物并吮吸汁液。在土壤或植物组织中产卵，卵孵化后形成幼虫。脱皮4次变为成虫，交配后雄虫死亡，雌虫产卵至土壤，二龄侵染幼虫钻进根皮内，后来可在小瘤上见到小孔口（病状特点之一），这小孔口也可能是雌虫将卵产到植物体外的途径。若用针从小孔中一挑，常可挑出一白色粒状物，若切开根瘤肉眼可见一些白色粒状物（直径1~1.2mm），这就是雌虫，在显微镜60倍或100倍视野下可清楚地看到完整的雌虫形态及其腹中的卵堆，甚至还可见到每个卵内有一条弯曲蜷缩的一龄幼虫。寄生线虫主要在植物上取食繁殖，在寄主体外存活的时间一般较短。活动在10~30cm深的土中，等待机会侵染寄主的嫩根。二龄侵染幼虫侵入植物后，在根皮和中柱之间为害，并刺激根组织过度生长，形成不规则的肿大根瘤。幼虫在瘤内生长发育，再经三次脱皮，发育成为成虫。雌成虫成熟后交尾产卵或孤雌生殖。有的种一年进行一次侵染，另一些种一年可多次侵染。如侵染桂花的三种根结线虫和侵染柑橘的根结线虫，一年多代进行多次侵染。根结线虫在干燥无水分

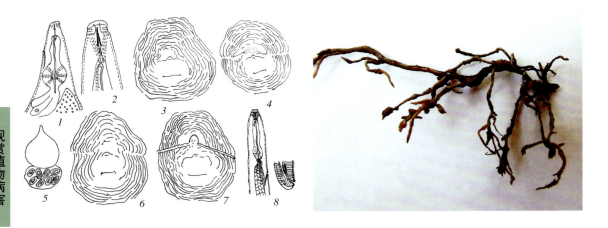

3-70 | 3-71

几种根结线虫显微图
1、2-*Meloidogyne javanica* 雌雄头部（爪哇）；3-*M. incognita* 会阴花纹（南方）；4-*M.hapla* 会阴花纹（北方）；5-雌虫形状及卵囊；6-*M. arenaria* 会阴花纹（花生）；7-*M.javanica* 会阴花纹（爪哇）；8-*M.hapla* 雄虫头部、尾部（北方）

日香桂根结线虫症状

的土壤中，约半个月，雌虫变雄虫，无生育能力，不再有侵染性能。较高温度（40～50℃）对线虫不利，甚至可以致死。

2. 症状

线虫病的主要病状：

(1) 线虫穿刺寄主时分泌各种酶或毒素，造成各种病变，使植株生长缓慢、衰弱、矮小、色泽失常（如黄化无光泽），叶片表现萎垂等类似营养不良现象。

(2) 局部畸形，受害株或某叶片干枯、扭曲、畸形、组织干腐、软化至坏死，籽粒变成虫瘿状；根部肿大，须根丛生，病根很易坏死。

3. 预防

北方根结线虫的寄主范围很广，国内已发现栽培植物（草本和木本）16科80多种，杂草19科50种。南方根结线虫，据记载约有1700种植物受害，爪哇根结线虫和花生根结线虫是最常见的五种根结线虫，寄主范围也很广。

根结线虫在土壤中移动很慢，活动范围有限，因而病害在田间分布都呈点、片状。但它们可借助有线虫的土或病残株的肥料、地面流水、农具和人的活动传播，而使邻近地块发病，也可借带病的种籽作远距离传播。在土温高（20～30℃），土壤干湿（40%～45%）适中时，线虫病发生严重。

4. 治理

不在前作有线虫病的土壤中育苗。带线虫土块，种植前应深翻60cm以上，将虫口密度高的土埋入深层，多日晒，干燥处理（含烧火土）杀死土中线虫，使用腐熟透的农家肥（已杀灭线虫）。木本植物线虫病，需人工细心将土表25～30cm处根际土挖开，摘去有线虫的根，将病土移走，施用二溴氯丙烷或克线磷（Nemacur）、铁灭克（Temik）等杀线虫剂。

第十一节　藻斑病类

藻斑病类是由病原藻类引致的病害。在云南的西双版纳广为分布，许多观赏植物的叶片上都呈现有不同色彩的圆斑，呈一面凸而一面下凹革质病斑。它还是我国南方花木上常见的一种病害。胡椒 *Piper nigrum* 藻斑病 *Cephaleuros virescens*，竹柏 *Podocarpus nagii* 藻斑病（图3-72），油茶 *Camellia oleifera* 藻斑病，桂花 *Osmanthus fragrans* 藻斑病 *Cephaleuros virescens*（图3-73），阔叶树藻斑病（图3-74）热带雨林内到处可见。

1. 病原

据资料，各种观赏植物的藻斑病病原只是1个种。绿藻纲橘色藻科头孢藻属的寄生性红锈藻 *Cephaleuros virescens* Kunze（*C.parasitus* Karst.）引致。孢囊梗叉状多枝，顶生小梗和近球形游动孢子囊。

2. 症状

病叶上下表面均会被侵染，以叶面病斑较多，病斑多为圆形，病斑（藻斑）正面微凸起（铜钱状）有灰褐色放射状的丝状物，病斑背面略凹陷光滑无丝状物。藻斑直径大小不一，约1～15mm，其大小和颜色常因

3-72　竹柏藻斑病症状

观赏植物病害 诊断与治理

3-73b | 3-73a
3-74

桂花藻斑病症状
阔叶树藻斑

寄主植物的种类而异。如：广玉兰的藻斑直径约10mm，油茶上的藻斑直径是1～15mm不等，暗绿色或橘黄色。木本花卉的枝干上也有藻斑。

3. 预防
在空气湿度大的地区或季节，植物株行距要大些。降低湿度，少发病。

4. 治理
在云南省勐腊县热带树林中，到处可见，危害不严重，可不必防治。若是单独种植一种植物，在它发病的初期治理，可参考山茶藻斑病。

第十二节　细菌类

细菌引起的植物病害见表3-8所列。

同属细菌引致的病害症状相似，有溃疡型、青枯型和肿瘤型。它们的病症只有在病斑处于湿度大的环境下，才能看见，有不同颜色的脓状物或溢菌所形成的微小颗粒状物。细菌性病害的治理措施基本相同。

1. 预防

以上五个属的病原细菌所侵染的植物，引致的病害中，有些曾经或至今列为检疫对象，如：柑橘溃疡病、油橄榄青枯病、猕猴桃溃疡病、冠瘿病等菌。预防是加强检疫，早发现病株，及时拔除销毁，清除侵染源。

2. 治理

使用抗菌素，浸种：每升水中溶化1g的72%链霉素处理种子90min，用清水洗净后催芽播种，可防治多种蔬菜、瓜果的细菌性叶枯病和软腐病。精选无病芋头晒1～2天后，每升水中溶化200mg72%农用链霉素

常见细菌引致的植物病害　　　　　　　　　　　　　　　　　　　　（表3-8）

寄主	病状	病原	病名
柑（属）Citrus spp. 枳（属）Poncirus spp. 金桔（属）Fortunella spp.	溃疡型：叶斑有晕，溃疡似小火口状	柑橘黄单胞杆菌 Xanthomonas citri	柑橘溃疡病（图3-75） 柠檬溃疡病 金桔溃疡病
油橄榄 Olea europaea 及 Olea spp.还侵染30多科100多种植物，如烟草、花生、番茄、辣椒、马铃薯等	青枯型；枯萎叶不脱落（短时间突然死亡）	假单胞杆菌 Pseudomonas solanacearum	油橄榄青枯病 花生青枯病
猕猴桃 Actinidia chinensis	叶斑溃疡型：有黄色晕圈、新梢枯萎型	丁香假单胞杆菌猕猴桃致病性变种 P. syringae pv. actinidiae	猕猴桃溃疡病
蔬菜 十字花科、瓜、芋等	湿腐型：寄主腐烂坏死，流脓	欧氏杆菌胡萝卜软腐组群 Erwinia carotovora	白菜软腐病 芋头软腐病（图3-76）
冬樱花 Prunus mazestica 331个属640种观赏植物	肿瘤型，根、根冠、嫩茎至老茎长瘤	土壤（习居细菌）杆菌 Agrobacterium tumefaciens	冠瘿病 （图3-77）
苹果 Malus pumila	根冠受害，皮层有大量毛发状细根	毛根菌（野杆菌属）A. rhizogenes	苹果毛根病
大丽花 Dahlia pinnata	病根，地面有肿瘤，徒长枝	缠绕棒状杆菌 Corynebacterium fassians	大丽花徒长病 （见图2-476）

3-75 | 3-76
3-77a | 3-77b

柑橘细菌性溃疡病症状
观音芋细菌性腐烂病症状
樱冠瘿病症状

浸1h，晾干播种。在观赏植物移栽时，可用药液作窝水灌根，每株灌150mL（72%农用链霉素可溶性粉剂4000倍液），可用此浓度喷洒病株叶面，隔7～10天1次，连喷2～3次。

第四章

非病害现象及处理

许多观赏植物的嫩组织或荫蔽处常见小型动物及它们的幼、若阶段，极易与植物病害的病症（真菌微型子实体）混淆。它们的治理应是另一种方式。

第一节　小型昆虫

一、蚜虫为害 (图4-1～图4-4)

1. 经济重要性

花卉蚜虫300种以上，常数十头近百头群集于嫩叶茎和新芽上为害，影响观赏价值，甚至死亡。仅桃蚜这个种的寄主就多达352种，是一种多食性害虫。它们1～2龄若虫期与病害的粉末状病症有些相似，应加以区别。

2. 处理

在苗床出现时必须清除销毁。在绿化地出现时也必须及时清除和销毁。毒杀蚜虫使用杀虫剂，时间要掌握在蚜虫幼龄期，1～2龄。当有成虫出现时，繁殖力很强，增殖迅速，有翅蚜又可以迁飞，蚜虫可以孤雌繁殖，数目很大，故杀虫要趁早，施药要仔细、均匀。

4-1	4-2
4-3	4-4

扶桑花上的蚜虫害
木本番茄嫩叶上蚜虫害
沙参花穗上蚜虫害
麻竹叶背蚜虫害

4-5 | 4-6
4-7 | 4-8
4-9 | 4-10

蜘蛛抱蛋蚧壳虫密集
滇润楠（叶背有蚧壳虫）害
二叉苏铁蚧壳虫害
贵州苏铁蚧壳虫害
桂花叶面蚧壳虫害
小叶女贞白蜡蚧害

二、蚧壳虫为害 (图4-5～图4-10)

1. 经济重要性

蜘蛛抱蛋蚧壳虫为害严重，苏铁属各个种也极易受蚧壳虫害，防治困难。女贞白蜡蚧本应是经济昆虫，但绿化地域中常零星出现，又不便采集使用，而影响观赏。

2. 处理

少数植株或叶片被害时，可采取人工处理，即用湿抹布、小刷或竹片先将苏铁叶背的雌蚧壳虫清除一遍，再检查清除情况，作二次清除，其若虫粉末状很难洗净，一边用刷子或竹片清除，一边水冲洗，然后必须喷杀虫剂，而且1～2龄若虫期喷药最有效。最好将病虫枝在喷药前全部修剪完毕。

4-11 | 4-12
4-13 | 4-14 | 4-15

杜鹃叶背网蟠为害状
女贞叶蝉为害状
竹叶蝉为害状
杜鹃叶蝉为害状
月季叶蝉为害状

在若虫孵化盛期（若虫非常细小，似粉末状物，比白粉病病症略粗些，它是蚧壳虫的1～2龄若虫，多移动到嫩枝、嫩叶上），要用40%氧化乐果乳油1500～2000倍液喷杀，此时即使用高压水管将灌溉水猛冲在有若虫的寄主受害处，都可以杀死许多若虫，减少危害程度（当若虫长大至成虫时，杀虫剂就不易杀死雌成虫，因为它们有蜡质蚧壳保护）。杀虫剂的使用方法还有采用根际包扎，基干注射等方法（注射时，在树干上斜向打个2～3cm深的小洞，插上塑料管或安培形瓶装的药液，使其慢慢滴入）。

三、叶蝉及网蟠危害

许多花木叶的正面布满缺失叶绿素并呈苍白色的小斑点，严重时整片叶苍白色，它们是由叶蝉和网蟠为害（图4-11），叶蝉类均能刺吸植物汁液，使叶片分布许多缺叶绿素呈苍白色小斑（图4-12～图4-15），也可见零星的灰白色蝉蜕（薄膜状，叶蝉退皮一次，长大一龄）。

四、粉蚧及粉虱危害

在温室养花和阳台种花中，粉蚧严重地危害各种植物（图4-17～图4-19），若虫长椭圆形、扁平、淡黄色，体周围有蜡质丝状突起，雄性两根尾须长。常被白色绒毛状物包裹着不易看清。还有观叶植物叶部白粉虱

危害、桂花白粉虱危害（图4-20、图4-21）和竹子黑粉虱危害（图4-22）

处理

蚧类、蚜类、粉虱类、叶蝉类等以吸取植物汁液为生，常在寄主的幼茎、嫩叶和花上为害，引起叶发黄、萎缩或膨大，卷叶或形成虫瘿，诱发煤污病，有的还传播病毒，导致病毒病扩大或流行。

苏铁叶部蚧壳虫害
含羞草上的粉蚧害
膏桐果实粉蚧害
膏桐根茎部的粉蚧害
观叶植物叶部白粉虱害
桂花白粉虱害

4-16	4-17
4-18	4-19
4-20	4-21

4-22
竹子黑粉虱害

(1) 粉虱防治法，参照蚧壳虫防治法，在杀虫剂中加部分洗衣粉200～300倍水。

(2) 加强水肥管理，增强树势，使春梢抽发早且整齐，可减轻蚜虫等小型食汁害虫为害。

(3) 诱蚜及避蚜，利用蚜虫对黄色有趋性，对银灰色有负趋性，在有翅蚜迁飞期用黄板诱蚜。即用 (0.1～0.3) m×(0.2～0.6) m，涂有黄色广告漆的厚纸板(黄贴板)，插在田间，离地0.3～0.5m处，每亩8块。避蚜（驱蚜）时将银灰色塑料薄膜剪成10cm宽的长条，在苗床上用竹条架成拱棚高约0.7m，再把薄膜按条距0.1m左右覆盖在拱棚上。驱引结合将蚜虫粘在黄贴板上。对粉虱类、叶蝉类、潜叶蝇类也可用此方法。

(4) 防治时机可参看红蜘蛛若虫量调查法。

五、潜叶蝇危害（图4-23～图4-26）

俗称绘图虫、鬼画符等，分布广，西南各省常见。幼虫钻蛀植物嫩茎、嫩叶表皮下为害，形成白色蜿蜒隧道。

4-23 | 4-24
4-25 | 4-26

滇姜花潜叶蝇害

竹子潜叶蝇害

矮牵牛潜叶蝇害（欧晓红摄）

天竺葵潜叶蝇害

处理

参照粉蚧及粉虱危害处理中的诱蚜及避蚜法。

六、红蜘蛛危害
（图4-27～图4-31）

1. 经济重要性

红蜘蛛和叶螨属于螨类，它不是昆虫，是动物界节肢动物门蛛形纲蜱螨目的一个类群，体躯分节不明显。属于叶螨科，体微小，圆形或卵圆形，常为红色、暗红色、黄色或暗绿色。用7～10倍的放大镜可观察到它活动灵活，迅速地在叶背往返，刺吸寄主汁液，使叶片产生许多小白斑（失去叶绿素），早落叶。

2. 治理

食螨天敌有食螨瓢虫、草蛉、花蝽、寄生菌等对红蜘蛛都有显著的抑

4-27 | 4-28
4-29 | 4-30
4-31

桂花叶面红蜘蛛害
薄荷叶背红蜘蛛害
月季叶面红蜘蛛为害状
山茶红蜘蛛害
山茶叶背、叶面红蜘蛛害

制作用。红蜘蛛在适宜的气候条件下繁殖力强,为害严重。若天敌数量不足时需及时防治。成年树应抓好早春及晚秋,苗圃及幼树除春、秋季外,还应加强冬季防治。应加强危害测报,调查方法可选有代表性的植株3～5株固定方位(按东、西、南、北和中部)各观察4片叶,用手持放大镜(10倍),当发现每100片叶超过100头螨,而天敌不到5头时,需全面检查防治。在春梢芽长1～2cm,冬卵孵化盛期,螨未上新梢叶片为害时喷第一次药,7～10天喷第二次药。可用杀卵(螨)剂,如20%杀螨酯可湿性粉剂、20%三氯杀螨砜可湿性粉剂600～800倍液、20%三氯杀螨醇300倍液等杀螨剂、石硫合剂(波美度)0.3～1度(可结合杀病菌,一举两得)。此外还可以结合杀蚧壳虫、蚜虫、叶蝉之类小型昆虫的1－2龄若虫,刚上新梢时一并用杀虫剂杀死。对叶螨和红蜘蛛还可选用松脂合剂春季18～20倍液,冬季8～10倍液;洗衣粉夏、秋季200～300倍液;25%杀虫脒水剂夏、秋300～500倍液;50%马拉硫磷500～1000倍液;40%乐果1500倍液等杀虫剂喷雾。注意着重喷在卵块和幼虫体上,多喷叶背,可以收到良好的防治效果。

七、蓟马危害(图4-32～图4-35)

蓟马是缨翅目昆虫。

1. 经济重要性

在许多花木上蓟马引致畸形。鹅掌柴种植地普遍被害,昆明市等城市

4-32 | 4-33
4-34 | 4-35

小叶榕蓟马害
小叶榕叶内蓟马害
花叶鹅掌柴蓟马害
鹅掌柴蓟马害

用小叶榕作行道树,普遍受害逐渐严重,直至整株衰弱,形态特差,影响生长和观赏,甚至死亡。

2. 处理

凡能修剪处应即时修剪并销毁。在受害树的树干上用刀剥1/4~1/3树围宽2~3cm伤口,用浸过氧化乐果(杀虫剂)的卫生纸或棉花贴(手和皮肤不能直接与杀虫剂接触)在伤口上,外面包扎塑料膜,使杀虫剂内吸至受害处(用药处宜高,使行人摸不到,并注明此处施过毒药)。

第二节　益虫

一、草蛉

各种植物叶背上可能会见到草蛉卵块。每个草蛉卵均有一根坚硬的丝撑着,就像一根线拉着一个氢气球(图4-36、图4-37),成虫草蛉(其形态像蜻蜓)是红蜘蛛的天敌,可以抑制红蜘蛛大量繁殖。若每年放一次草蛉卵,即每株桂花树放养草蛉卵1000粒,每株月季放养草蛉卵500粒。秋末再喷杀虫剂一次,其效果比每年喷药4次更好。

4-36 | 4-37
4-38

草蛉卵块正面图
草蛉卵块侧面图
螳螂卵块

二、螳螂

螳螂卵块常在各种植物主干或侧枝上见到,孵化后有大量小螳螂出来,它们捕食害虫量大,应受到保护(图4-38)。

三、瓢虫(图4-39、图4-40)

除了二十八星瓢虫等少数植食性瓢虫是害虫外,绝大多数瓢虫是益

观赏植物病害 诊断与治理

瓢虫取食卷叶中的蚜虫
桃叶上瓢虫（放大）

4-40
4-39

虫。应该受到保护。瓢虫成虫，体半球形，属鞘翅目、瓢甲科。卵弹头形，幼虫纺锤形，周身长有枝刺，体有环纹。蛹椭圆形，尾端包着幼虫脱的皮壳。

第三节 与观赏植物有关的生物

一、无隔藻

它是非细胞构造的生物，在潮湿土壤中形成的种群似绿色毡层，有很厚的绒毛，用手摸感到坚硬对观赏植物无害。有假根固定在土中，丝状体有光泽。陆生无隔藻可以生活在保湿箱中，有时可以长在花盆中。只有在受损伤的地方和在形成孢子囊时才产生隔膜，丝状体内有发亮的油滴（图4-41、图4-42）。

二、黏菌

根据安斯沃斯（Ainsworth.G.C）等1973年的分类系统，将菌物界分为黏菌门和真菌门。黏菌门是不大的一门，包括异养（腐生和寄生的）有机体。黏菌在营养状态下是由含有许多核的裸露原生质组成，能进行变形运动，称为原生质团。这种原生质团具有负向光性和正向光性，而将近繁殖时，向性变为相反的情形——黏菌爬到干的、有光的地方。此时它分裂为含有单核的孢子，部分原生质团形成孢子囊，孢子囊形态多样性。这样的孢子囊我们可以在死木材上看到。

孢子在有利条件下萌发，形成单鞭毛的游动孢子（草坪潮湿时，受害严重）。游动孢子运动着，以纵裂法繁殖，失去鞭毛，变成变形菌胞。变形菌胞也用分裂法繁殖，成对融合，同时它们的核整合。菌胞蠕动着大量融合在一起时，它们的核不整合，形成原质团（比真菌简单）。

粉瘤菌属，橙红色的原生质团，生活在死的且潮湿的腐木上(图4-43)。

发网菌属，褐色的原生质团，生活在潮湿的且活的女贞小枝上(图4-44a、图4-44b)。

团毛菌属，灰白色的原生质团，生活在潮湿的、活的或死的草坪上

无隔藻绘图
无隔藻

4-42
4-41

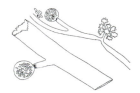

4-43a	4-43b
4-44a	4-44b
4-45	4-46

粉瘤菌属
发网菌属
团毛菌属
团毛菌属（放大）

（图4-45、图4-46）。

1. 预防

当观赏草坪草上有黏菌发生时，不能使之继续潮湿，而应该使草坪变得干燥。发现无隔藻时不用防治。

2. 处理

草坪草太密太湿时才会部分死亡（主要是光照不足）可撒些石灰粉杀死黏菌，也可撒硫磺粉，但不要喷水剂，以免帮助它繁殖传播。无隔藻长在花盆里不需要治理。

第五章

大树移栽成活率低的原因及改进方法

第一节　已濒死的移栽树

天然生长50年左右的大树，不适宜移栽，树龄越大越不能移，否则易死。

针叶树因为要保持塔形冠幅（不能截干），就更难移栽成活。如图5-1雪松只20年生已移栽死亡（可能技术欠佳）。图5-2青刺尖树约80年生，移栽前应多截去高大的主干，修枝剪叶，阔叶树完全可以做到减少蒸腾强度，也许能移栽成活。图5-2～图5-4多数只能长成小乔木，但图中它

5-1	5-2
5-3	5-4

雪松约20年生移栽死亡树
青刺尖树约80年生移栽死亡树
小红果树约100年生移栽死亡树
棠梨树约100年生移栽死亡树

5-5 | 5-6

黑松20年生移栽死亡树

四照花树约40年生移栽死亡树

们均已长成高大乔木,移栽失败非常可惜。

图5-5黑松移栽时将树干埋在土中,表面的草坪需水量大,松树根和茎不需这么多的水,时间长了易窒息死亡。

第二节　已移栽成活的大树

20年以内人工培育的树可以移栽,幼树移栽成活率高,寿命长。

昆明世界园艺博览园200年生柏树移栽成活(图5-7)但长势差;昆明世界园艺博览园10年生木棉(热带树种)移栽成活(图5-8)现长势正常;庐山400年生银杏树(幼树时种植)成活(图5-9);庐山千余年生银杏老树(幼树时种植)成活(图5-10)仍很正常。

第三节　大树移栽技术

一、选树

按设计要求选择移植树木,尽量就近选树,接近新栽地生境,还要便

5-7 | 5-8
5-9

柏树约200年生大树移栽成活

木棉约10年生大树移栽成活

庐山400年生银杏树（幼树时移）

5-10 庐山千年银杏

于挖掘、包装及运输；野生的深根性树种，特别要考虑树龄（50年生以上不移栽，即使移栽成活也生长早衰）。在干基离地高度10cm处划一圆圈，作为栽植时掌握深浅的依据。圆圈应划在树干的正南向，栽植时应将此圆圈对准新植区的正南向。

一般就移栽成活而言，灌木状乔木树种比同种单干乔木容易；落叶树种比常绿树种容易；扦插繁殖或幼树时经多次移植团过须根比直播未经移植树容易；须根发达的树种比直根系和肉质根类树木容易；叶形细小比叶少而大者容易；年轻的比老树容易；阔叶树比针叶树容易。

二、定点放线

根据设计所规定的基线或基点进行放线。

行道树定点，一般以路牙或道路中心线为定点放线的依据，根据设计的株行距定出每株树位置，若遇有电杆、管道、涵洞、变压器等应错开位置（距电杆应在2m以外，距集水井应在1.5m以外），行道树放线时，必须做到行列整齐、前后照应。栽植点留够1.5m×1.5m，并不许有水泥和石灰水浸入土中(以后提及植树位置均要注意水泥和石灰问题)。

公园绿地定点,按设计要求就近定出树木的位置。

孤立树、装饰性的树群，按设计要求定点出植树位置。

自然形树丛避免都是阳性树种，种植范围划出，范围以内的树种应将较大的放于中间或北侧，较小的放于四周或南侧，要根据构图来决定（阳性和阴性树种交错种植）。在所在的范围中间明显处钉一桩，标明树种、栽植数量和坑的大小，每株的位置可用石灰粉标示中心点。亦可标示大小，用木桩标示中心位置，桩上说明树种和坑的规格等。

三、挖坑、换土、施肥

坑的要求：应根据栽植树的种类及规格而定，一般以树的胸径和高度为主要依据（表5-1）。

若土质不好，含有害物质石灰、沥青或土质过黏、过硬，则应加大坑径；凡树坑内土壤的物理性、化学性对树木生长有害者，均应更换好土，换土量应多于实际刨除坏土量；挖坑时，贮存好表土、里土放另一边，将未风化的瘦土，黏土或石砾、石块清除。应把表土与里土分别放置，堆土的位置以不影响栽植为宜；挖坑的坑壁要边挖边修，直上直下，坑底不要成锅底形，以免窝根或填不实；在斜坡处应先做成小平台，然后挖坑（鱼鳞坑）；在宽阔的平地上挖坑时，应将坑内的里土向坑周围铺成斜坡。

公园绿地挖坑应在栽植前2～3天进行，在街道栽树最好边挖边栽，以免夜间不安全。

栽前按计划施用肥料（应用充分腐熟的肥料混土），还要在肥料上覆盖素土10cm以上，不能将树根直接放在有肥料的土中，以免烧根；如土层特别干燥，须在挖坑后、施肥前进行浸坑，一次灌水到坑的2/3为宜，

坑径与树的胸径、高度关系 （表5-1）

胸径	cm		3.0～5.0	5.0～7.0	7.0～10.0	10以上
高度	m	1～1.2	1.2～1.5	1.5～2.0	2.0～2.5	2.5～3.0	3.0以上
坑径	cm	40×40×40	50×50×50	60×60×60	70×70×70	80×80×80	100×100×100以上

如有漏水之处，应及时填土补救，并补足流失水分。

若放线的位置上插木桩者，挖好后将木桩插在根底边缘，以防遗失。

四、修剪

目的是减少移栽大树的蒸腾作用，提高成活率，应在起苗处将阔叶树干顶截去，截去高度视需要而定。最大可截去全高的1/3，必须注意是否需要保持塔形树冠，需要保持的不能摘心（截主干）而是将树基近地面2m处的侧枝修去，修枝量约占全株枝条的1/3；大树上的寄生物要首先修除，并必须锯在寄生物尚未接触到的部位。

修剪时有直径超过2cm的伤口应及时用鲜牛粪拌黄泥涂盖，或包扎塑料薄膜，减少伤口感染和水分散失。

五、起树装车、运苗、卸车、假植

(1) 起苗时土球直径的大小，对栽植成活关系极大，一般来说，土球直径为树木胸径的8～10倍，或树高的1/3以内。土球高挖坑时尽量保护好更多的须根，若侧根太粗，须根太少的植株最好不用作大树移栽材料。

(2) 起树时，土壤过于干燥，应在前三天浇水一次，待水渗下去后再起。

(3) 起针叶树前用草绳将树冠围拢，以不伤枝条为准。

(4) 对移植成活较难的大树和珍贵树木，起土球后应及时用生根剂（常用3号生根粉，配制1/1000的水液或泥浆）蘸根处理。

(5) 土球掘起后应立即打包，采用软包装或硬包装，视树种及运距而定。

(6) 尽量做到随刨、随运、随栽。

(7) 卸车后不能立即栽植的树，应埋土假植保护好根系，尤其要保护好须根的鲜活。

六、栽植

(1) 将标记南向的树干正对准南向，土球放于正中央，用固定钢丝（或铁杆、木棍）固定树身，剪断捆在土球上的草绳。再将回塘土铲入空处压实，继续回土盖住土球再压实，若有些须根散落开来，应分层压实。

(2) 浇足定根水，对刚种下的树浇透定根水，并继续压实松土，使挖松了的根系能迅速与新的土壤紧密结合在一起，不能有半点空隙。否则空处的根系很快干死。

(3) 回塘土高度要求：回塘土要求高达选树时在干基高离地10cm处所划的记号处，浇足定根水后，土回落到与未挖前一样，下凹点约10cm。种树时，树的根茎处一定要与土面平，既不能把原来属于茎的部位埋进土中（很易死亡），也不能把原来是根的部位留在土壤之外。

(4) 移栽季节：落叶树可在落叶期移栽。常绿树应在生长季移栽，无

论何时移栽应尽量保护其须根少受损失,种植时一定浇透水,使土与根紧密结合在一起;

(5) 大树移栽是否成活必须1~2年后才能确定,它要经过假活、假死(半年至一年),才到真死或真活(1~1.5年,甚至需2年以上)。此期间视生长情况,确定是否需要给树体补水或补营养液(图5-11)。

(6) 大树若种植在大草坪中央,草坪需水量大,而大树成活后需水量少得多。在移栽时要特别修理出一个大土堆,将大树种在大土堆上,使多余的水及时排除,将来才不易染上根腐病。

5-11 大树移栽养护(挂瓶中装营养液或水)

附录与索引

一、常用自配化学药剂

（一）保护剂——波尔多液

波尔多液由硫酸铜、石灰和水配制而成（表6-1），杀菌主要成分是碱式硫酸铜（一种天蓝色悬浮液）。

配制波尔多液的几种配合量 （表6-1）

原料	配合量		
	1%等量式	0.5%倍量式	1%少量式
硫酸铜	0.5	0.25	0.5
生石灰	0.5	0.5	0.25
水	50	50	50

波尔多液的配制：

先将石灰和硫酸铜分别装在两个容器中用少量水将生石灰消解；用少量热水将硫酸铜溶解，各加水2.5kg充分溶解。然后同时倒入第三个容器中，边倒边搅匀，即成波尔多液。

注意：

(1) 当天配，随配随用，不能久放，更不能过夜用。
(2) 切忌用浓度高的硫酸铜液与浓石灰液混合后再稀释。这种波尔多液质量差，极易沉淀。
(3) 所用容器以木桶或塑料桶为宜。不能用金属桶，尤其是铁桶。
(4) 要用优质的生石灰。若用消石灰则应增加30%～50%。
(5) 配制时两液的温度不宜超过气温。
(6) 波尔多液对人、畜比较安全，但误食会引起肠胃炎，对家蚕有毒，不能喷桑叶。
(7) 在晴天喷，潮湿多雨和早晨露水未干时不要喷，由于铜盐的离解度及植物对铜离子的忍受所限，易产生药害。
(8) 波尔多液不能与松脂合剂、石硫合剂、敌敌畏、乐果等混合使用。

（二）杀菌剂——石硫合剂

由石灰、硫磺加水熬制而成的红褐色透明液体（表6-2），有臭鸡蛋气味，呈强碱性，对皮肤

石硫合剂的配方 （表6-2）

项目	硫磺	生石灰	水	母液浓度
配方1	1	1	10	母液达15～20波美度
配方2	2	1	10	母液达20～25波美度

有腐蚀作用，也可以杀虫、杀螨。

熬制方法：先将石灰用少量水化解，后加水调成糊状。放到瓦锅或铁锅中，把称好的硫磺粉慢慢加入石灰浆中，边加边搅拌。使之混合均匀，最后加足水量，加大火熬煮，沸腾时开始计算时间。反应的整个过程必须保持沸腾和保持水量（损失的水量应加进热水补充，并在反应时间的最后15min以前补充）。反应全部时间是50~60min，此时有强烈的臭鸡蛋气味，药液呈棕红色，用两层纱布过滤后，其滤液即为母液又称原液（有效成分是五硫化钙和硫代硫酸钙等物，勿用于梅花、桃花和葡萄等植物）。

使用石硫合剂必须加水把原液稀释。稀释的倍数是根据原液的浓度和使用的浓度来决定加水的数量。为稀释方便，每次用时用波美度比重计来测量，再用查表法稀释（见石硫合剂重量和浓度稀释表），本书不附此表。其实在使用时最方便的是用下式推算：

加水倍数=（原液浓度－使用浓度）/使用浓度

例如：熬制好时原液浓度是23波美度，使用时气温达22℃，需要的使用浓度是0.8度。需加多少倍水？

喷药时加水倍数=（23－0.8）/0.8=27.75

那么你从原液中称出1kg药液时，要加27.7kg清水稀释。当时用的石硫合剂是0.8波美度。要是天气冷，要用1.5波美度喷洒时，1kg原液，只能加14.3kg水了。

注意：
(1) 石硫合剂在夏天高温（32℃）和早春（4℃）时，不宜使用。
(2) 不能与松脂合剂、砷酸铅、肥皂、铜、汞剂等混合。
(3) 原液贮存必须用密闭的容器或液面上加一层油（什么油均可），防止氧化。
(4) 稀释液不能贮存。

（三） 树干白涂剂

为防治树干冻伤、日灼、虫伤和病菌感染，庭院树、行道树和果树于秋末春初常使用白涂剂。白涂剂的主要成分是石灰，并加入适量的硫磺或石硫合剂的渣滓，以及少量食盐。也可以其他杀伤力强的药剂代替硫磺。具体配方常因需要和条件有所不同。表6-3所列的几种配方可参考。

白涂剂的几种配方　　　　　　　　　　　　　　　　（表6-3）

配　方	用　途
1.生石灰5kg+硫磺粉0.5kg+水20kg	涂抹树干基部1~2m高，防治树干部
2.生石灰5kg+石硫合剂残渣5kg+水5kg	病虫害
3.生石灰5kg+石硫合剂原液0.5kg+盐0.5kg+动物油100g+水20kg	防日灼
4.生石灰5kg+盐2kg+油100g+豆面100g+水20kg	6月、9月各涂1次，防日灼和冻害
5.生石灰2.5kg+盐1.25kg+硫磺粉0.75kg+油100g+水20kg	6月、9月各涂1次，防日灼和冻害

二、索引

(一) 病原中名索引

二划

丁香假单胞杆菌	F.2-94 P.46,299
二色壳蠕孢	F.2-205 P.94
二孢白粉菌	F.2-446 P.219,280
刀孢	F.3-36 P.284
十字花科霜霉	F.2-14 P.14

三划

三孢半内生钩丝壳(无性态)	F.3-32 P.280,282
千日红链格孢	P.275
土生链格孢	F.2-517 P.253,275
土壤杆菌	F.2-97,2-440 P.47,215,233,299
大丽大尾孢	F.2-456 P.224
大丽花叶黑粉菌	F.2-454 P.223
大丽花生叶点霉	F.2-460 P.226
大丽花花叶病毒	P.237
大丽轮枝孢	F.2-448 P.221
大孢枝孢霉	P.283
大孢链格孢	P.275
大茎点属	F.2-163,2-348 P.120, 130,163
大孢大茎点菌	F.2-91 P.45
大雄疫霉	F.2-2 P.10,11
小丛壳菌属	P.186
小穴壳菌	P.107
小卵孢	F.2-470 P.230
小壳二孢	F.2-142 P.67
小麦小球腔菌	F.2-222 P.103
小孢木兰叶点霉	P.111
小孢壳二孢	F.2-73 P.38
小孢壳囊孢	F.2-61 P.34,35
小煤炱	P.283
小蜜环菌	F.2-345 P.90,162,202
小蘖粉孢	P.280
山田胶锈	P.277
山茶小煤炱	F.2-122 P.59
山茶生小煤炱	P.59
山茶外担菌	F.2-126 P.60
山茶花叶病毒	P.76
山茶茎点霉	P.72
山茶刺盘孢	F.2-114 P.54
山茶核盘菌	F.2-104 P.51
山茶叶黄斑病毒	P.76
山茶盘单毛孢	F.2-118 P.57,58

四划

中国菟丝子	P.293
凤仙单轴霉	F.3-10 P.272,274
双孢霉	F.2-263 P.122
天竺葵葡萄孢	F.3-3 P.272,273
天竺葵链格孢	P.275
少根根霉	F.2-481 P.238
日本外担菌	F.2-181 P.83
日本菟丝子	P.293,294
日本链格孢	P.16
日光过强	P.79
木兰叶点霉	F.2-234 P.109,112
木兰刺盘孢	F.2-237 P.110,111
月季壳针孢	F.2-92 P.45
月季病毒	P.49
毛根菌	P.299
毛精壳孢	F.2-465 P.228
水仙生葡萄孢	F.3-3 P.272,273
爪哇根结线虫	F.2-443 P.217,295,296
车轴草白粉菌	P.280
车轴草单胞锈	P.277

五划

丛刺盘孢	F.2-389 P.186
丛花青霉	F.2-484,2-538 P.239,264
丛梗孢	F.2-192 P.88
丝核薄膜革菌	P.211,222
冬青生小煤炱	P.283
出芽短梗霉	F.3-35 P.283,284
北方根结线虫	P.295,296
半球状外担菌	F.2-181 P.83
叶点霉	F.2-150,2-288 P.70,133
正木粉孢	F.3-21 P.280,281
生理性	P.78,79,107,144,145
生理性缺素症	P.50,78,108,128
田中隔担耳菌	P.288
白兰花生叶点霉	F.2-234 P.109
白尘粉孢	F.2-39 P.26
白粉寄生菌	F.3-41 P.283,285
白绢薄膜革菌	F.2-299,2-369,2-434 P.170,176,210
白斑柱隔孢	F.2-30 P.21
白锈菌	F.2-9 P.12

石竹白疱壳针孢	F.2-415 P.201	芍药隐点霉	F.2-356 P.167
石竹生壳针孢	F.2-415 P.201,202	芍药环斑病毒	P.171
石竹尖孢镰刀菌	F.2-432 P.209	芍药盘多毛孢	F.2-318 P.150
石竹坏死斑点病毒	P.216	芍药尾孢霉	P.148
石竹壳针孢	F.2-415 P.202	齐整小菌核	F.2-299,2-369,2-434
石竹单胞锈菌	F.2-426 P.206,207		P.101,139,170,176,210,232
石竹科欧氏菌	F.2-438 P.213		
石竹科假单胞杆菌	F.2-438 P.213	**七划**	
石楠锈孢锈菌	P.277		
禾白粉菌	P.279	围小丛壳菌	F.2-114 P.54,55,110,186
禾镰孢	F.2-432 P.212	两毛小煤炱	F.2-245 P.114,115
立枯丝核菌	F.2-5,2-173,2-321,436	两栖蓼柄锈菌	P.277
	P.11,81,151,211,222	坎宁安胶锈菌	P.277
		坎斯盘单毛孢	F.2-120,2-208
六划			P.58,96
		壳二孢	F.2-72,2-142,2-269 P.38,67,124
亚洲胶锈菌	P.277	壳多孢	F.2-301 P.140
交链孢(链格孢)	F.2-130,2-290,2-462	壳针孢	F.2-92,2-250 P.116,168
	P.62,134,166,227,275,276,283,284	壳蠕孢	F.2-205,2-326 P.124,154
伏克盾壳霉	F.2-60 P.34,35	壳囊孢	F.2-224 P.104
刚竹小煤炱	P.283	拟茎点霉	F.2-252 P.117
华杜鹃春孢锈菌	F.2-226 P.105	拟粉孢霉	F.3-27,3-29
向日葵锈菌	P.277		P.279,280,281,282
多主小穴壳	F.2-148 P.68,69	拟盘多毛孢	F.2-53,2-106
多主枝孢	F.2-65 P.36,284		P.32,52,123,129,192,252
多主瘤梗孢	F.2-342 P.161	杜鹃叶痣菌	F.2-170 P.80
多岔孢	F.3-40 P.283,285	杜鹃外担菌	F.2-181 P.83
尖形根结线虫	P.295	杜鹃壳针孢	F.2-201 P.92
尖镰孢菌	F.2-21,2-402 P.17,193	杜鹃壳蠕孢	F.2-205 P.94
异孢蠕孢球壳菌	F.2-397 P.190	杜鹃尾孢	F.2-186 P.85
早熟禾单胞锈菌	P.277	杜鹃芽链束梗孢菌	F.2-188 P.86
早熟禾镰孢	F.2-432 P.212	杜鹃金锈菌	F.2-175 P.82
曲霉	F.2-335 P.158	杜鹃春孢锈菌	F.2-226 P.105
朴树假霜霉	F.3-9 P.272,274	杜鹃盘多毛孢	F.2-183 P.84
灰葡萄孢	F.2-23,2-55,3-1	杜鹃斑痣盘菌	P.80
	P.18,33,51,95,126,127,147,175,205,206,218,249,259	杜鹃棒盘孢	F.2-220 P.102
	,272,273	牡丹花叶（牡丹褪绿）病毒	P.171
百日草链格孢	P.275	牡丹枝孢霉	F.2-316 P.149
百合生叶点霉	F.2-543 P.267	牡丹(芍药)隐点霉	F.2-356 P.167
百合生理性缺铁	P.269	牡丹葡萄孢	F.2-312 P.147
百合生理缺水	P.269	芜菁花叶病毒	P.24,194
百合科刺盘孢	F.2-542 P.266	芦苇柄锈菌	P.277
百合刺盘孢	P.266	花生根结线虫	P.295,296
百合葡萄孢	F.2-528 P.259,260	花药黑粉菌	F.2-420 P.204
百合花叶病毒	P.268	花椒锈孢锈菌	P.277
百合环斑病毒	P.268	芸苔根肿菌	F.2-12 P.13
百合潜隐病毒	P.268	芸苔链格孢	F.2-243 P.113
百合丛簇病毒	P.268	芽枝孢	F.2-502,2-534
纤细枝孢	F.2-28 P.20		P.248,262,283
网状外担菌	F.2-126 P.60	豆链格孢	P.275
芍药叶点霉	F.2-324 P.153	赤点霉	F.2-333 P.158

运载小球腔菌	F.2-385	P.184
近黑葡萄孢		P.272
阿宾大茎点	F.2-128	P.61
鸡冠花链格孢		P.275
束状刺盘孢	F.2-468	P.229
条黑粉菌	F.2-488	P.241

八划

玫瑰多孢锈菌		P.29
明二孢	F.2-350	P.164
侧壳囊孢	F.2-303	P.141
刺状匐柄霉	F.2-410	P.198
刺状疣蠕孢	F.2-418	P.203
刺孢圆弧青霉	F.2-538	P.264
刺盘孢	F.2-59, 2-284 P.34,35,131	
单丝壳		P.280
帚梗柱孢菌	F.2-84	P.41,42
枇杷刀孢	F.3-36	P.283,284
果生盘长孢	F.2-367	P.175
枝孢	F.2-328	P.199
欧氏杆菌	F.2-307	P.143,235,299
欧氏黑茎菌	F.2-307	P.143
油茶黑黏座孢霉	F.2-152	P.70,71
泪珠小赤壳	F.2-395	P.189
环带天竺葵柄锈菌		P.277
直喙镰孢	F.2-499	P.246,247
线孢霉	F.2-334	P.158
细丽疣蠕孢	F.2-365	P.174
细极链格孢		P.275
细链格孢	F.2-243	P.113,275,276
终极腐霉	F.2-458	P.225
茂物隔担耳菌		P.288
茎点霉		P.120,137
郁金香葡萄孢	F.3-1	P.272
郁金香碎色病毒		P.290
金合欢隔担耳		P.288
金花茶刺盘孢		P.56
鸢尾叶点霉	F.2-375	P.179
鸢尾生交链孢	F.2-377	P.180
鸢尾壳二孢	F.2-371	P.177
鸢尾拟茎点霉	F.2-393	P.188
鸢尾茎叶菌核	F.2-383	P.183
鸢尾柄锈菌	F.2-379	P.181
鸢尾球腔菌	F.2-373	P.178
鸢尾轻性花叶病毒		P.194
鸢尾裂性花叶病毒		P.194
鸢尾德氏霉	F.2-387	P.185
青霉	F.2-484	P.239

九划

剑兰尖镰孢	F.2-499	P.247
剑兰青霉	F.2-484	P.250
剑兰核盘菌	F.2-32	P.243
枸杞瘿螨	F.3-49	P.286
南方小钩丝壳		P.280
南方根结线虫	F3-70	P.173,196,295,296
厚壳多孢	F.2-305	P.142
带叶棒状杆菌	F.2-439	P.214
星孢属		P.279
枯斑盘多毛孢	F.2-106	P.53
柄隔担耳菌		P.288
柑橘黄单胞杆		P.299
柑橘链格孢		P.275,276
柑橘生隔担耳		P.288
柱盘孢属	F.2-286	P.132
柱隔孢	F.2-540	P.265
氟化物污染		P.258
洋腊梅链格孢		P.275
狭冠囊菌	F.2-83	P.41,42
疫霉菌	F.2-215	P.120
盾壳霉	F.2-60,2-297,2-347 P.35,124,138,163	
矩圆黑盘孢	F.2-254	P.118
结缕草柄锈菌		P.277
美丽小皮伞	F.2-158	P.73
美座附丝壳	F.3-37	P.283,285
茶生大茎点霉	F.2-155	P.72,75
茶生叶点霉	F.2-117	P.57
茶伞座孢菌	F.2-152	P.70,71
茶球座菌		P.186
茶尾孢		P.74
草野钩丝壳		P.280
轴霜霉		P.273
香石竹生链格孢	P199,200	F.2-413
香石竹链格孢	F2-413	P.199,200
香石竹叶脉斑驳病		P.216,290
香石竹条纹病毒		P.216
香石竹枝孢	F.2-316	P.199
香石竹环斑病毒		P.216 ,290
香石竹根结线虫	F.2-443	P.217
香石竹潜隐病毒		P.216
香椿球针壳		P.280
鬼笔假单胞杆菌	F.2-438	P.214

十划

夏孢锈		P.277
恶疫霉	F.2-536	P.157,263
栲小煤炱		P.283
栎小煤炱		P.283

核盘菌	F.2-32,2-256 P.22,119,169	盘长孢状刺盘孢	F.2-44,2-114 P.28,54,55,68,100,110
格皮色二孢	F.2-136 P.65	盘长(圆)孢属	F.2-337 P.159,186
格皮拟盘多毛孢	F.2-106 P.52	粗链格孢	P.275
桤叉丝壳	F.2-203 P.93	菊欧氏杆菌	F.2-307 P.143
海绵枝孢	F.2-25 P.19	菊柄锈菌	P.277
浆果球座菌	P.186	菊粉孢	P.280
烟草花叶病毒	P.290	菜豆黄花叶病毒	P.257,290
烟草环斑病毒	P.195	萝卜链格孢	F.2-18 P.16
烟草脆裂病毒	P.172	萨卡度星孢	P.280
唐菖蒲壳针孢	F.2-492 P.244	银生柄锈菌	P.277
唐菖蒲弯孢霉	F.2-495 P.245	隐地疫霉	F.2-215 P.98
唐菖蒲座盘菌	F.2-486 P.240	黄瓜花叶病毒	P.237,256,268,290
唐菖蒲葡萄孢	F.2-506 P.249	黄杨生小煤炱	P.283
痂圆孢	F.2-132 P.63,126	黄单孢杆菌	F.2-34,438 P.23,215,255
病毒	P.146,290	黄鸢尾茎点霉	F.2-391 P.187
破坏壳针孢	F.2-415 P.201	黄萎轮枝孢	F.2-16,2-448 P.15,152,208,221
粉红单端孢	F.2-275,2-519 P.126,127,254	黄菖蒲壳二孢	F.2-371 P.177
粉孢	F2-446 P.219,220,279,280		
缺素症(缺铁)	P.50	**十二划**	
胶孢炭疽菌 (盘长孢状刺盘孢)	F.2-44,2-114 P.28,54,55,68,100,110	喀什喀什孢	F.2-214 P.98
胶藤生盘多毛孢	F.2-280 P.129	富可尔葡萄孢盘菌	P.218,272
莴苣盘梗霉	F.3-8 P.272,274	富特煤炱	F.2-123 P.59
透白冬孢锈	P.277	掌状盾壳霉	F.2-144,2-297 P.68
陷茎点	F.2-294 P.136	斑双毛壳孢	F.2-340 P.160
紧密瓶霉	F.2-408 P.197	斑点叶点霉	F.2-510 P.251
		普德尔尾孢	F.2-48 P.30
十一划		棕榈生小煤炱	P.283
梨胶锈菌	P.277	植原体	P.2,48,49,77,290
假单胞杆菌	F.2-94 P.234,299	椭圆葡萄孢	F.2-527 P.259,260
假霜霉	P.273	氯头枝孢	F.2-328 P.155
堇菜链格孢	P.275	番茄斑萎病毒	P.237
寄生性红锈藻	F.2-163 P.75,128,297	疏展金锈菌	F.2-175 P.82
寄生疫霉	P.263	短尖多孢锈	F.2-46 P.29
寄生葡萄孢	P.272	短柄单胞锈菌	P.277
寄生霜霉	F.2-14 P.14	短梗霉	P.284
得瓦亚比夹	F.2-271 P.125	硬毛刺杯毛孢	F.2-530 P.260,261
接柄霉	F.2-264 P.122,154	紫苑鞘锈	P.277
匐柄霉	F.2-75,2-267,2-422,2-490 P.39,123,205,242	葡萄孢	P.272
旋转交链孢	F.2-79 P.40	葡萄座腔菌	F.2-87,2-211 P.43,97
梓链格孢	P.276	酢浆草柄锈	P.277
深棕红柄锈	P.277	黑座尾孢霉	F.2-314 P.148
密集葡萄孢	P.119	黑根霉	F.2-352 P.165
清香木小煤炱	P.283	黑斑白洛皮盘菌	F.2-381 P.182
球腔菌	F.2-330,2-463 P.156,227	黑链格孢	P.275
球穗珠头霉	F.3-4 P.272,273		
甜菜曲顶病毒	P.25	**十三划**	
盘双端毛孢	F.2-195,2-339 P.89,160	微黑枝孢	F.2-292 P.135
		榾木壳针孢	P.92

楸子茎点霉	F.2-229 P.106	槭粉孢	P.280
煤炱	F.2-246 P.114,283,284	德巴利腐霉	F.2-6,2-7,2-451
碎纹伏革菌	F.2-139 P.66		P.11,222,231
缠绕棒状杆菌	F.2-439 P.236,299	樟疫霉	F.2-134 P.64,99

十四划

		樱桃链格孢	P.275
		橄榄色盾壳霉	F.2-199 P.91
截盘多毛孢	F.2-190 P.87	稻属黄单胞杆菌	P.215
聚多拟盘多毛孢	P.85		

十六划

榕小煤炱	P.283		
缪拉那茎点壳	F.2-184 P.84	瘿螨	F.3-49 P.286
腐霉	F.2-6,2-7,2-532 P.11,261	穆若叉丝壳	P.280
蓼丝枝孢	F.2-63 P.36	螨类	P.2,286
蓼白粉菌	F.2-446 P.219,220		

十七划

蔷薇双壳孢	F.2-42 P.27		
蔷薇多胞锈菌	F.2-46 P.29	黏鱼排孢	F.2-319 P.150
蔷薇尾孢	F.2-78 P.40		

十八划

蔷薇单丝壳	F.2-38 P.26		
蔷薇卷丝锈菌	F.2-89 P.44	镰孢(刀)菌	F.2-321,2-449 P.151,109,221
蔷薇放线孢	F.2-41 P.27		

十九划

蔷薇黑斑叶点霉	F.2-51 P.31		
蔷薇霜霉菌	F.2-68 P.37	锈藻	P.2,75,128,297
褐孢霉	F.2-248 P.115		
褐座坚壳菌	F.2-399 P.191		
褐暗孢霉	F.2-399 P.191		

十五划

槭刺杯毛孢	F.2-209 P.96

(二) 病原学名索引

A

Albugo candida	12
Acera macrodronis	286
Actinonema rosae	27
Aecidium pourthiaeae	277
Aecidium rhododendri	105
Aecidium sino-rhododendri	105
Aecidium zanthoxyli-schinifolii	277
Agaricodochium camelliae	70,71
Agrobacterium rhizogenes	299
Agrobacterium tumefaciens	47,215,233,299
Alternaria alternata	62,227,275,284
Alternaria atrans	275
Alternaria azukiae	275
Alternaria brassicae	113
Alternaria calycanthi	275
Alternaria catalpae	276
Alternaria celosiae	275
Alternaria cerasi	275
Alternaria circinans	40
Alternaria citri	275,276
Alternaria crassa	275
Alternaria dianthi	199,200
Alternaria dianthicola	199,200
Alternaria gomphrenae	275
Alternaria humicola	253,275
Alternaria iridicola	180
Alternaria japonica	16
Alternaria macrospora	275
Alternaria pelargonii	275
Alternaria raphani	16
Alternaria sp.	134,166,275,283
Alternaria tenuis	113,275,276
Alternaria tenuissima	275
Alternaria violae	275
Alternaria zinniae	275
Ampelomyces sp.	283
Appendiculella calostroma	283
Armillariella mellea	90,162,202
Ascochyta iridis	177
Ascochyta leptospora	38
Ascochyta minutissima	67
Ascochyta pseudacori	177
Ascochyta sp.	38,67,124
Aspergillus sp.	158
Asteroconium saccardoi	280
Asteroconium sp.	279
Aureobasidium pullulans	283,284
Aureobasidium sp.	283,284

B

Bean yellow mosaic virus	257,290
Beet curly top virus	25
Belonium nigromaculatum	182
Blennoria sp.	150
Botryosphaeria dothidea	43,97
Botryotinia fuckliana	218,272
Botrytis cinerea	18,33,51,95,126,127
	147,175,205,206,218,249,259,272,273
Botrytis densa	119
Botrytis elliptica	259,260
Botrytis gladiolirum	249
Botrytis liliorum	259,260
Botryitis narcissicola	272
Botrytis paeoniae	147
Botrytis parasitica	272
Botryitis pelargonii	272
Botrytis pulla	272
Botrytis sp.	272
Botrytis tulipae	272,273
Bremia lactucae	272
Bremia sp.	273,274

C

Camelleia leaf yellow spot virus	76
Camellia mosaic virus	76
Camellia yellow mottle leaf virus	76
Capnocrinum sp.	284
Capnodariao sp.	284
Capnodium footii	59
Capnodium sp.	114,283,284
Carnation latent virus	216
Carnation necratic fleck virus	216
Carnation ring spot virus	216,290
Carnation streak virus	216
Carnation vein mottle virus	216,290
Cephaleuros parasitus	75,297
Cephaleuros virescens	75,128,297
Cercospora dahliae	224
Cercospora grandissima	224
Cercospora paeoniae	148
Cercospora puderi	30

Cercospora rhododendri	85
Cercospora rosae	40
Cercospora theae	74
Cercospora variicolor	148
Chaetospermum chaetosprum	228
Chrysomyxa expansa	82
Chrysomyxa rhododendri	82
Cicinnobolus cesatii	283,284,285
Cladosporium chlorocephalum	155
Cladosporium cladosporioides	248, 262, 283, 284
Cladosporium fulvum	115
Cladosporium herbarum	36,284
Cladosporium macrocarpum	283
Cladosporium musae	36
Cladosporium nigrellum	135
Cladosporium paeoniae	149
Cladosporium sp.	199
Cladosporium spongiosum	19
Cladosporium tenuissimum	20
Clasterosporium eriobotryae	283,284
Coleosporium asterum	277
Colletotrichum camelliae	54
Colletotrichum dematium	229
Colletotrichum gloeosporioides	28,54,68,100,110
Colletotrichum liliacearum	266
Colletotrichum lilii	266
Colletotrichum magnoliae	110,111
Colletotrichum medicaginisdenticu-latae	56
Colletotrichum sp.	34,35,131
Coniothyrium fuckelii	34,35
Coniothyrium olivaceum	91
Coniothyrium palmarum	68
Coniothyrium sp.	35,124,138,163
Coronophora angustata	41,42
Corticium scutellare	66
Corynebacterium fasciens	214
Corynebacterium fassians	236,299
Coryneum rhododendri	102
Cryptostictis paeoniae	167
Cucumber mosaic virus	237,256, 268,290
Curvularia trifolii	245
Cuscuta chinensis	293
Cuscuta japonica	293
Cylindrocarpon sp.	265
Cylindrocladium scoparium	41,42
Cylindrosporium sp.	132
Cytospora microspora	34,35
Cytospora sp.	104

D

Dahlia mosaic virus	237
Dematophora necatrix	191
Didymosporium sp.	122
Dinemasporium acerinum	96
Dinemasporium strigosum	260,261
Diplocarpon rosae	27
Diplodia guepini	65
Diplodina sp.	164
Discosia maculaecola	160
Dothiorella ribis	68,69
Dothiorella sp.	107
Drechslera iridis	185
Dwayabecja sp.	125

E

Ectostroma iridis	183
Entyloma dahliae	223
Eriophyes sp.	2,286
Erwinia carotovora	143,235,299
Erwinia carysanthemi	213
Erwinia chrysanthemi	143
Erysiphe cichoracearum	219,280
Erysiphe graminis	279
Erysiphe polygoni	219,220
Erysiphe trifolii	280
Exobasidium camelliae	60
Exobasidium hemisphaericum	83
Exobasidium japonicum	83
Exobasidium reticulatum	60
Exobasidium rhododendri	83

F

Fulvia fulva	115
Fusarium orthoceras	246,247
Fusarium oxysporum	17,193,209,212,247
Fusarium poae	212
Fusarium sp.	151,209, 221

G

Gerwasia rosae	44
Gloeosporium fructigenum	175
Gloeosporium sp.	159,186
Glomerella cingulata	54,110,186
Glomerella sp.	186
Glomerella baccae	186
Guignardia theae	186
Gymnosporangium asiaticum	277
Gymnosporangium cunninghamianum	277
Gymnosporangium haraeanum	277
Gymnosporangium yamadai	277

H

Hadronema sp.	158
Hendersonia bicolor	94
Hendersonia paeoniae	154
Hendersonia rhododendri	94
Hendersonia sp.	124
Heterosporium echinulatum	203
Heterosporium gracile	174

I

Iris mild mosaic virus	194
Iris severe mosaic virus	194

K

Kaskaskia sp.	98

L

Leptosphaeria coniothyrium	34
Leptosphaeria sp.	103
Leptosphaeria tritici	103
Leptosphaeria vectis	184
Lily mosaic virus	268
Lily ring spot virus	268
Lily rosettle virus	268
Lily symptomless virus	268

M

Macrophoma albensis	61
Macrophoma macrospora	45
Macrophoma sp.	120, 130, 163
Macrophoma theicola	72, 75
Marasmius pulcher	73
Marssonina rosae	27
Melanconium oblongum	118
Melasmia rhododendri	80
Meliola amphitrichia	114
Meliola buxicala	283
Meliola camelliae	59
Meliola camellicola	59
Meliola ilicicola	283
Meliola mietrotricha	283
Meliola palmicola	283
Meliola phyllostachydis	283
Meliola quercina	283
Meliola rhoina	283
Meliola shiiae	283
Meliola sp.	283
Meloidogyne acrita	295
Meloidogyne arenaria	295, 296
Meloidogyne hapla	295, 296
Meloidogyne incognita	173, 196, 295, 296
Meloidogyne javanica	217, 295, 296
Microsphaera alni	93
Microsphaera mougeotii	280
Monilia sp.	88
Monilinia sp.	88
Monochaetia camelliae	57, 58
Monochaetia kansensis	58, 96
Mycosphaerella iridis	178
Mycosphaerella sp.	156, 227
Myrothecium camelliae	70, 71

N

Nectriella dacrymycella	189

O

Oedocephalum glomerulosum	272, 273
Oidiopsis sp.	279, 280, 282
Oidiopsis taurica	280, 281
Oidium aceris	280
Oidium berberidis	280
Oidium chrysanthemi	280
Oidium euonymi-japonicae	280, 281
Oidium sp.	219, 220, 279, 280
Oidium leucoconium	26
Ovularia sp.	230

P

Penicillium corymbiferum	239, 264
Pellicularia filamentosa	211, 222
Pellicularia rolfsii	170, 176, 210
Penicillium cyclopium	264
Penicillium gladioli	250
Penicillium sp.	239
Peony chlorosis spot virus	171
Peony ring spot virus	171
Peony mosaic virus	171
Peronospora parasitica	14
Peronospora sporsa	37
Pestalotia elasticola	129
Pestalotia funerea	53
Pestalotia paeoniae	150
Pestalotia rhododendri	84
Pestalotiopsis guepini	52
Pestalotiopsis sp.	32, 52, 53, 123, 129, 192, 252
Pestalotiopsis sydowiana	85
Phialophora compacta	197
Phoma cameliae	72
Phoma pomarum	106

Phoma pseudacori	187
Phoma sp.	120,137
Phomatospora miurana	84
Phomopsis iridis	188
Phomopsis sp.	117
Phragmidiun mucronatum	29
Phragmidiun rosae-multiflorae	29
Phragmidiun rosae-rugosae	29
Phyllactinia toonae	280
Phyllosticta commonsii	251
Phyllosticta dahliicola	226
Phyllosticta iridis	179
Phyllosticta lilicola	267
Phyllosticta magnoliae	109,112
Phyllosticta michelicola	109
Phyllosticta paeoniae	153
Phyllosticta rosarum	31
Phyllosticta sp.	70,133
Phyllosticta theicola	57
Phyllosticta yuokwa	111
Phymatotrichum omniverum	161
Phytophthora cactorum	157,263
Phytophthora cinnamomi	64,99
Phytophthora cryptogea	98
Phytophthora megasperma	10,11
Phytophthora parasitica	263
Phytophthora sp.	120
Phytoplasma	2,48,77,290
Plasmodiophora brassicae	13
Plasmopara obducens	272,274
Plasmopara sp.	273
Pleochaeta shiraiana	280,282
Pleurocytospora sp.	141
Poliotelium hyalospora	277
Pseudomonas caryophylli	213
Pseudomonas solanacearum	234,299
Pseudomonas syringae	46,299
Pseudomonas woodsii	214
Pseudoperonospora celtidis	272,274
Pseudoperonospora sp.	273
Puccinia argentata	277
Puccinia atrofusca	277
Puccinia chrysanthemi	277
Puccinia helianthi	277
Puccinia iridis	181
Puccinia oxalidis	277
Puccinia pelargonii-zonalis	277
Puccinia phragmitis	277
Puccinia polygoni-amphibii	277
Puccinia zoysiae	277
Pycnostysanus azaleae	86
Pythium debaryanum	11,222,231
Pythium sp.	261
Pythium ultimum	225

R

Ramularia areola	21
Rhizoctonia solani	11,81,151,211,222
Rhizopus arrhizus	238
Rhizopus stolonifer	165
Rhodosticta sp.	158
Rhytisma rhododendri	80
Rosellinia necatrix	191

S

Sclerostagonospora sp.	142
Sclerotinia camelliae	51
Sclerotinia gladioli	243
Sclerotinia sclerotiorum	22,169
Sclerotinia sp.	119
Sclerotium rolfsii	101,139,170,176,210,232
Seimatosporium caudatum	160
Seimatosporium mariae	89
Septobasidium acasiae	288
Septobasidium bogoriense	288
Septobasidium citricolum	288
Septobasidium pedicellatum	288
Septobasidium tanakae	288
Septoria araliae	92
Septoria dianthi	201,202
Septoria dianthicola	201,202
Septoria gladioli	244
Septoria rhododendri	92
Septoria rosae	45
Septoria sinarum	201
Septoria sp.	116,168
Sphaceloma sp.	63,126
Sphaerotheca fuliginea	280
Sphaerotheca pannosa	26
Stagonospora sp.	140
Stemphylium botryosum	39
Stemphylium sp.	123,205,242
Stemphylium sarciniiforme	198
Stromatinia gladioli	240

T

Tobacco rattle virus	172
Tobacco ringspot virus	195
Tobacco mosaic virus	290
Tomato spotted wilt virus	237
Trematophoma sp.	136

Trematosphaeria heterospora	190	*Ustilago violacea*	204
Trichothecium roseum	126,127,254		
Triposermum sp.	283,285	**V**	
Truncatella sp.	87	*Vermicularia sp.*	186
Tulip breaking virus	290	*Verticillium albo-atrum*	15,152,208,221
Turnip mosaic virus	24,194,290	*Verticillium dahliae*	221

U

X

Uncinula kusanoi	280	*Xanthomonas citri*	299
Uncinuliella australiana	280	*Xanthomonas gumnisudans*	255
Uredo sp.	277	*Xanthomonas incanae*	23
Urocystis gladiolicola	241	*Xanthomonas oryzae*	215
Uromyces dianthi	206,207		
Uromyces poae	277	**Z**	
Uromyces proeminens	277	*Zygosporium sp.*	122,154
Uromyces trifolii	277		

参 考 文 献

[1] 高尚士. 花卉病害及其防治[Z]. 沈阳市园林科学研究所,1981.

[2] 韩金声. 花卉病害防治[M].昆明: 云南科技出版社,1987.

[3] 王瑞灿. 观赏花卉病虫害[M].上海: 上海科学技术出版社,1987.

[4] 李尚志. 花卉病害与防治[M].北京: 中国林业出版社,1989.

[5] 陈秀虹. 昆明园林植物病害病原鉴定[J]. 西南林学院学报,1989, 9(1):62-67.

[6] 徐明慧. 园林植物病虫害防治[M].北京: 中国林业出版社,1991.

[7] 张中义. 观赏植物真菌病害[M].成都: 四川科技出版社,1992.

[8] 西南林学院. 云南森林病害[M].昆明: 云南科技出版,1993.

[9] 陆家云. 植物病原真菌学[M].北京: 中国农业出版社,2001.

[10] 昆明市科学技术协会. 云南鲜切花病虫害防治[M].昆明: 云南科技出版社,2001.

[11] 陈守常. 四川森林病害[M] 成都: 四川科技出版社，2006：12-13.

[12] （日本）宇田川俊一. 菌类图鉴（上）[M].株式会社讲谈社,1978.

[13] Brian C.Sutton. The Coelomycetes.(1) (2) [M].Comm. Mycol. Inst. Kew.Surrey, England, 1980.

后 记

这本《观赏植物病害诊断与治理》的寄主以鲜切花和景观花为主。在昆明地区，鲜切花紫罗兰、月季、香石竹、百合几乎全年上市，鸢尾、唐菖蒲和大丽花能半年上市，山茶、杜鹃、含笑（白兰花）等在许多公园有栽培，牡丹、芍药和君子兰等是云南常见的观赏花卉。

本书文字描述月季、杜鹃、牡丹、香石竹、大丽花和百合6个寄主属的病害。全书文字和图片整理及统稿由伍建榕教授完成，其余寄主病害和全部显微描绘工作由陈秀虹教授完成。彩图摄影（除署名者外）由两人共同完成。

此外，西南林学院保护生物学学院的硕士生刘婷婷、郭瑞超、蔡灿、孙会林、李瑞军、李祥康、付文、陈鸥、潘銮银等参加全书的文字录入、排版和校对工作。全部寄主及其名称由赖尔聪教授审核和校正。全书审校由盛世法教授完成，并得到云南省高校森林灾害预警与控制重点实验室支持，谨致谢意！

主编
2007年12月